W0253406

Advances in Anatomy, Embryology and Cell Biology
Ergebnisse der Anatomie und Entwicklungsgeschichte
Revues d'anatomie et de morphologie expérimentale

Springer-Verlag Berlin Heidelberg New York

This journal publishes reviews and critical articles covering the entire field of normal anatomy (cytology, histology, cyto- and histochemistry, electron microscopy, macroscopy, experimental morphology and embryology and comparative anatomy). Papers dealing with anthropology and clinical morphology will also be accepted with the aim of encouraging co-operation between anatomy and related disciplines.

Papers, which may be in English, French or German, are normally commissioned, but original papers and communications may be submitted and will be considered so long as they deal with a subject comprehensively and meet the requirements of the Ergebnisse.

For speed of publication and breadth of distribution, this journal appears in single issues which can be purchased separately; 6 issues constitute one volume.

It is a fundamental condition that manuscripts submitted should not have been published elsewhere, in this or any other country, and the author must undertake not to publish elsewhere at a later date.

25 copies of each paper are supplied free of charge.

Les résultats publient des sommaires et des articles critiques concernant l'ensemble du domaine de l'anatomie normale (cytologie, histologie, cyto et histochimie, microscopie électronique, macroscopie, morphologie expérimentale, embryologie et anatomie comparée. Seront publiés en outre les articles traitant de l'anthropologie et de la morphologie clinique, en vue d'encourager la collaboration entre l'anatomie et les disciplines voisines.

Seront publiés en priorité les articles expressément demandés nous tiendrons toutefois compte des articles qui nous seront envoyés dans la mesure où ils traitent d'un sujet dans son ensemble et correspondent aux standards des «Résultats». Les publications seront faites en langues anglaise, allemande et française.

Dans l'intérêt d'une publication rapide et d'une large diffusion les travaux publiés paraitront dans des cahiers individuels, diffusés séparément: 6 cahiers forment un volume.

En principe, seuls les manuscrits qui n'ont encore été publiés ni dans le pays d'origine ni à l'étranger peuvent nous être soumis. L'auteur d'engage en outre à ne pas les publier ailleurs ultérieurement.

Les auteurs recevront 25 exemplaires gratuits de leur publication.

Die Ergebnisse dienen der Veröffentlichung zusammenfassender und kritischer Artikel aus dem Gesamtgebiet der normalen Anatomie (Cytologie, Histologie, Cyto- und Histochemie, Elektronenmikroskopie, Makroskopie, experimentelle Morphologie und Embryologie und vergleichende Anatomie). Aufgenommen werden ferner Arbeiten anthropologischen und morphologisch-klinischen Inhaltes, mit dem Ziel, die Zusammenarbeit zwischen Anatomie und Nachbardisziplinen zu fördern.

Zur Veröffentlichung gelangen in erster Linie angeforderte Manuskripte, jedoch werden auch eingesandte Arbeiten und Orginalmitteilungen berücksichtigt, sofern sie ein Gebiet umfassend abhandeln und den Anforderungen der „Ergebnisse“ genügen. Die Veröffentlichungen erfolgen in englischer, deutscher und französischer Sprache.

Die Arbeiten erscheinen im Interesse einer raschen Veröffentlichung und einer weiten Verbreitung als einzeln berechnete Hefte; je 6 Hefte bilden einen Band.

Grundsätzlich dürfen nur Manuskripte eingesandt werden, die vorher weder im Inland noch im Ausland veröffentlicht worden sind. Der Autor verpflichtet sich, sie auch nachträglich nicht an anderen Stellen zu publizieren.

Die Mitarbeiter erhalten von ihren Arbeiten zusammen 25 Freiexemplare.

Manuscripts should be addressed to/Envoyer les manuscrits à/Manuskripte sind zu senden an:

Advances in Anatomy, Embryology and Cell Biology
Ergebnisse der Anatomie und Entwicklungsgeschichte
Revues d'anatomie et de morphologie expérimentale

48 · 1

Peter Böck

Das Glomus caroticum der Maus

Mit 49 Abbildungen

Springer-Verlag Berlin Heidelberg New York 1973

Dr. Peter Böck
Institut für Mikromorphologie und Elektronenmikroskopie der Universität Wien
A-1090 Wien, Schwarzspanierstrasse 17

Diese Untersuchung wurde durch Zuwendungen aus der „Hochschuljubiläums-Stiftung der Stadt Wien" ermöglicht

ISBN 978-3-540-06368-1 ISBN 978-3-642-65653-8 (Ebook)
DOI 10.1007/978-3-642-65653-8

Softcover reprint of the hardcover 1st edition 1973

Inhalt

Einleitung

I. Das Glomus caroticum als chromaffines Paraganglion

Das Glomus caroticum wurde als erstes Paraganglion aufgefunden (Taube, 1743 und Berckelmann, 1744; zit. nach Kohn, 1900) und vorerst wohl wegen des Nervenreichtums für ein sympathisches Ganglion gehalten. Erst Luschka (1862) erachtete den epitheloiden Bau ähnlich einer inkretorischen Drüse für wichtig genug, um von einer „Nervendrüse“ zu sprechen. Aus dieser Zeit sollten auch die Untersuchungen von Arnold (1865) über die Gefäßversorgung des Glomus caroticum berücksichtigt werden. Arnold definiert seine Ansicht von der Natur des Organs am besten durch die Wahl des Namens: „Glomeruli arteriosi intercarotici“.

Tatsächlich schließen diese Strukturformen einander nicht aus, sondern beide Charakteristika — der inkretorische Charakter der epitheloiden Zellen und der auffallende Reichtum an arteriellen Gefäßen — müssen als spezifisches Kennzeichen des Glomus caroticum gelten.

Die erste Beobachtung einer chromaffinen Reaktion der epitheloiden Zellen des Glomus caroticum stammt von Stilling (1892, 1898); Später ist der Ausfall der chromaffinen Reaktion für dieses Gewebe immer wieder diskutiert worden (Zusammenfassungen s. Adams, 1958; Serafini-Fracassini und Frasson, 1966; Watzka, 1943). In der Mehrzahl der Fälle war es nicht gelungen am Glomus caroticum eine positive chromaffine Reaktion zu erzielen. Dies führte zur Einreihung des Glomus caroticum in die Gruppe der „nicht chromaffinen Paraganglien“ (Watzka, 1943) wo es als Hauptvertreter und Derivat des parasympathischen Systems interpretiert wurde, im Gegensatz zu chromaffinen Paraganglien, Abkömmlingen des Sympathicus.

Es war die Auffassung A. Kohns (1900), der histologischen Ähnlichkeit zwischen chromaffinen und nicht chromaffinen Zellen bzw. Zellgruppen im Glomus caroticum den Vorrang zu geben und alle epitheloiden Zellen mit dem Terminus chromaffine Zellen zu bezeichnen. Es ist auch sein Verdienst, das Konzept des paraganglionären Systems erarbeitet zu haben. Danach wird die Gesamtheit aller in Nerven oder Ganglien gefundener epitheloiden Zellen von ähnlicher Struktur wie die chromaffinen Zellen des Glomus caroticum als System betrachtet, ohne Rücksicht auf den Ausfall der chromaffinen Reaktion (Kohn, 1903).

Tatsächlich konnte in letzter Zeit auch gezeigt werden, daß die chromaffine Reaktion zu unempfindlich ist, um als zuverlässiger und ausreichender Nachweis für die der Reaktion zugrundeliegenden Catechol- und Indolamine zu gelten. Im besonderen Fall konnte Kobayashi (1968) nachweisen, daß beim Glomus caroticum des Hundes lichtmikroskopisch chromaffine und nichtchromaffine Zellen

Fräulein J. Selbmann bin ich für ihre Hilfe bei der elektronenmikroskopischen Präparation und bei der Abfassung des Manuskriptes zu größtem Dank verpflichtet.

oder Zellgruppen nebeneinanderliegen, denen elektronenmikroskopisch Zellen mit unterschiedlicher Anzahl von Catecholamine speichernden Organellen im Cytoplasma entsprechen: Die lichtmikroskopisch chromaffinen Zellen enthalten einfach mehr Catecholamine als nicht-chromaffine, aber auch die letzteren sind in gleicher Weise Catecholamine speichernde Zellen und daher ganz im Sinne von Kohns Definition als chromaffine Zellen zu bezeichnen. Darüber hinaus können seit der Einführung des wesentlich empfindlicheren fluorescenzmikroskopischen Nachweises von Catechol- bzw. Indolaminen durch Formaldehyd-induzierte Fluorescenz (Eränkö, 1961; Falck, 1962; Falck und Torp, 1961) Catecholamine auch in den weniger bespeicherten paraganglionären Zellen nachgewiesen werden (vgl. S. 23). Damit steht aber fest, daß ganz im Sinne von A. Kohn (1900, 1903) die Begriffe paraganglionäre Zelle und chromaffine Zelle Identisches bezeichnen. Eine Unterteilung in chromaffine und nicht-chromaffine Paraganglien ist nur mit Rücksicht auf den Ausfall der chromaffinen Reaktion sinnvoll und sollte vermieden werden.

II. Das Glomus caroticum als Chemoreceptor

Das Glomus caroticum ist ein anatomisch definierter, arterieller Chemoreceptor, dessen äquivalente Reize sinkender PO_2, steigender PCO_2 und sinkender pH des arteriellen Blutes sind (Heymans und Neil, 1958). Die Tatsache, daß der Receptor bereits beim Absinken eines relativ hohen PO_2 im arteriellen Blut anspricht, legt nahe, daß Zusammenhänge zwischen dem auffällig hohen Vascularisierungsgrad des Glomus caroticum und diesem Befund bestehen. So wäre es z.B. denkbar, daß normalerweise im Glomus caroticum Strukturen mit außerordentlich hohem O_2-Verbrauch an der Grenze ihres Sauerstoffbedarfs versorgt werden. Als morphologisches Substrat für einen solchen Receptor bieten sich die chromaffinen paraganglionären Zellen an. Ein Absinken des PO_2 würde ein Defizit bewirken, das dazu führt den Receptor ansprechen zu lassen. Die Initiierung eines Nervenimpulses von der Receptorzelle aus könnte vermittels einer bei der Reizung freigesetzten Transmittersubstanz besorgt werden. Als mögliche Transmittersubstanzen (Torrance, 1968) werden vor allem Acetylcholin (Eyzaguirre und Koyano, 1965; Eyzaguirre und Zapata, 1968a, b; Schweitzer und Wright, 1938) und Catecholamine (Ishii, Honda und Ishii, 1966; Ishii und Ishii, 1967; Ishii, Ishii und Honda, 1966) vermutet.

Neben diesen, wohl nur mit physiologischen Methoden zu prüfenden und zu entscheidenden Konzepten wurde in letzter Zeit von Biscoe (1971) eine dritte Möglichkeit vorgeschlagen, deren Prüfung mit morphologischen Methoden aussichtsreich erscheint:

Die Hypothese geht davon aus, daß das Membranpotential von der Aktivität der Natriumpumpe und diese wieder von der Sauerstoffkonzentration abhängig ist. Erniedrigung des PO_2 würde zur Verlangsamung der Natriumpumpe, damit zum Verlust von Kalium und letztlich zur Depolarisierung der Membran führen. Ein solcher Mechanismus wird umso wirksamer, je größer das Verhältnis Membranoberfläche/Axonvolumen ist, d.h. je kleiner der Durchmesser der Axone ist. Wegen der relativ großen Membranoberfläche ist der für die Natriumpumpe benötigte Sauerstoffverbrauch hoch, und das Gefälle des Sauerstoffdruckes von der Gefäßwand bis zum Axon gewinnt an Bedeutung: Der PO_2 wird zum limitierenden Faktor der Produktion von ATP in den Mitochondrien.

Auf Grund theoretischer Überlegungen ergibt sich damit folgendes Bild vom Receptor: Es handelt sich um ein möglichst langes, markfreies Axon, umhüllt von Stützzellen, dessen Länge aber wahrscheinlich geringer als 100 μm ist. Die Nähe einer chromaffinen Zelle, welche von zentral durch efferente Innervation in ihrem Stoffwechsel (= O_2-Verbrauch) gesteuert wird, wäre ein Instrument den O_2-Gradienten von der Gefäßwand zum Receptor (Axon) zu steuern.

Histologische Strukturen, die diesem Receptormodell entsprechen könnten, werden in dieser Untersuchung demonstriert werden.

III. Die Wahl des Untersuchungsobjektes

Um die Morphologie des Glomus caroticum zu untersuchen wurde die Maus als Versuchstier wegen der geringen Größe des Organs gewählt. Bei diesem Tier ist es möglich in einem Ultradünnschnitt beinahe den gesamten Organquerschnitt zu studieren. Ferner ist bei dieser Species die innige Beziehung zwischen Glomus caroticum und Ganglion cervical superius (Hollinshead, 1945) von Interesse.

Bei den gewöhnlich zu Untersuchungen am Glomus caroticum verwendeten Labortieren (Ratte, Hamster, Kaninchen, Katze) ist das Organ zu klein, um es am unfixierten Tier rasch und mit Sicherheit auspräparieren zu können. Die für Lupenpräparation benötigte Zeit spielt keine Rolle, wenn es möglich ist, vor der Untersuchung zu fixieren. Sind dagegen unfixierte, möglichst kleine Präparate erwünscht — wie z.B. für den fluorescenzmikroskopischen Catecholaminnachweis — ergeben sich Schwierigkeiten.

Bei der Maus ist die Region der Carotisbifurkation und des mit dem Glomus caroticum anhaftenden Cervicalganglion so klein, daß die gesamte Region als Präparat eingefroren und verarbeitet werden kann. Die dabei notwendigen Präparationsschritte sollen in einem Abschnitt über Lupenpräparation kurz beschrieben werden, da die Situation in neueren Zusammenfassungen über die Anatomie der Labormaus nicht genau dargestellt ist (Cook, 1965; Hummel, Richardson und Fekete, 1966).

Weiters ist es bei Mäusen möglich, die Verteilung intravenös injizierter Meerrettichperoxydase zu untersuchen (Graham und Karnovsky, 1966) ohne daß es zu Histaminausschüttung von Mastzellen kommt (Cotran, Karnovsky und Goth, 1968). Damit kann zumindest für diese Markierungssubstanz überprüft werden, ob im Glomus caroticum der Maus eine Kompartementierung in einzelne Diffusionsräume existiert, wie sie die Anordnung lamellärer Cytoplasmafortsätze nahe legt.

Material und Methoden

Zur Untersuchung kamen adulte Swiss-Mice (Zucht Österr. Stickstoffwerke, Linz) 20—25 g schwer, beiderlei Geschlechts. Die Tiere erhielten Trockenfutter und Wasser ad libitum. Sie wurden für anatomische Präparationen mit Äther, für elektronenmikroskopische oder histochemische Untersuchungen durch intraperitoneale Injektion von Nembutal® betäubt.

I. Lupenpräparation

A. Perfusionsfixierung

Der linke Thoraxraum wird durch einen Schnitt in der Medianlinie und Abtragung der linken Brustwand breit eröffnet, das Pericard entfernt, eine Kanüle in den linken Ventrikel in Richtung auf die Aorte ascendens eingestochen und mit einer Klemme befestigt. Danach Eröffnen des rechten Herzens durch Kappen des rechten Herzohrs und 15 min ohne vorhergehendes Spülen oder Heparinisieren Perfusionsfixierung mit 3% Glutaraldehyd gelöst in 0,1 M Na-Cacodylatpuffer, pH 7,4, gekühlt auf 4° C.

B. Weitere Präparation

Im Anschluß an die Perfusionsfixierung Entfernen der Haut im Halsbereich und Absetzen der oberen Körperhälfte. Die Präparate werden im selben Gemisch 2 Std immersionsfixiert. Danach Auswaschen des Aldehyds im Puffer über Nacht. Zur weiteren Präparation wurde ein Präpariermikroskop der Firma American Optical mit 7—10facher Vergrößerung verwendet. Zur besseren Darstellung von Nerven können bereits grob von Muskulatur befreite Gefäßabschnitte mit anhaftenden Nerven und Bindegewebe in 1% Osmiumtetroxyd, gelöst in 0,1 M Phosphatpuffer pH 7,4, für 15 min fixiert werden. Während dieser Zeit schwärzen sich markhaltige Nerven und Fettläppchen, markfreie bzw. markarme Nerven werden braun kontrastiert. Die Gefäßwände färben sich ebenfalls zartbraun, das Bindegewebe bleibt ungefärbt. Der daraus resultierende Kontrast erleichtert die Darstellung von Nerven; die Präparate können in Glycerinwasser (1 : 1) aufgehellt werden.

II. Lichtmikroskopie

A. Fluorescenzmikroskopischer Nachweis von Catecholaminen

Die Arteria carotis communis und die Carotisbifurkation mit dem anhaftenden N. vagus, dem Ganglion cervicale superius und dem Glomus caroticum werden in Isopentan, gekühlt mit flüssigem Stickstoff, oder in festem Stickstoff eingefroren und in der Gefriertrocknungsanlage von Leybold-Heraeus getrocknet. Zur fluorescenzmikroskopischen Darstellung der Catecholamine (Falck, 1962; Falck und Owman, 1965) erfolgte eine zweistündige Bedampfung mit trockenem Formaldehydgas bei 80° C (Blümcke, Rode und Niedorf, 1967). Der Paraformaldehyd ist zuvor über konzentrierter Schwefelsäure getrocknet worden. Die bedampften Präparate werden in Paraffin für konventionelle Schnittpräparate oder in Araldit (Hökfelt, 1965) für Semidünnschnitte eingebettet, die Schnitte mit einer Auflichtfluorescenzanlage Leitz-Orthoplan untersucht (Erregerfilterkombination: Interferenzfilter Al. 405 und Wärmeschutzfilter KG 1; Sperrfilter: K 470).

B. Semidünnschnitte

Bei den wie unter I A beschrieben perfusionsfixierten Tieren werden die Gebilde, welche die Region der Carotisgabel bedecken (vgl. Abb. 1, 2 und 3) entfernt, der Hals der Tiere abgetrennt und das Totalpräparat 2 Std bei 4° C in 3% Glutaraldehyd, gelöst in 0,1 M Natriumcacodylatpuffer, pH 7,4 immersionsfixiert. Danach Auswaschen des Aldehyds über Nacht mit demselben Puffer und Auspräparieren der Carotisgabel mit den anhaftenden Nerven; Nachfixieren in 1% Osmiumtetroxyd, gelöst in 0,1 M Phosphatpuffer, pH 7,4 für 2—4 Std, bei 4° C. Danach 3 × 10 min Spülen in destilliertem Wasser und Stückkontrastierung mit 0,5% Uranylacetat gelöst in Michaelispuffer pH 5,0 für 6—12 Std. Entwässern in steigender Alkoholreihe und Einbetten über Propylenoxyd in Epon 812 (Luft, 1961). Die Semidünnschnitte sind mit Glasmessern an einem Reichert OmU2 Ultramikrotom angefertigt und mit Toluidinblau gefärbt (Trump, Smuckler und Benditt, 1961). Für graphische Rekonstruktionen werden Schnittserien angefertigt.

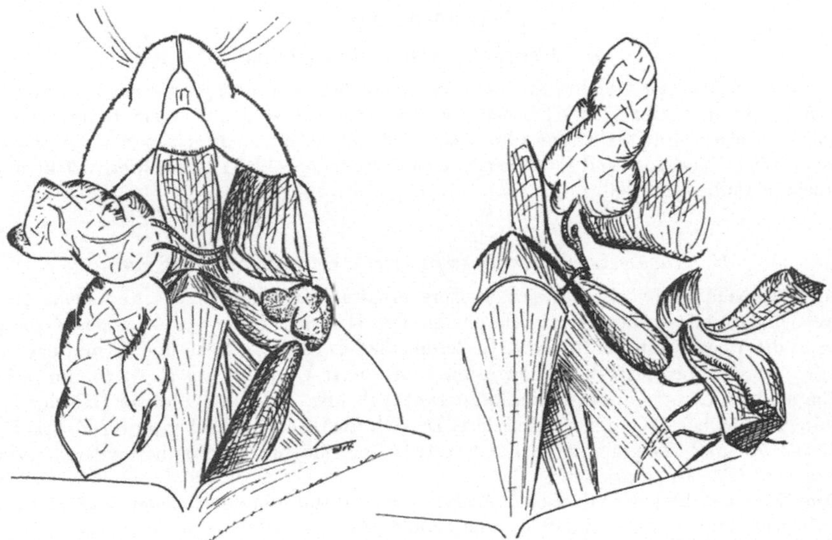

Abb. 1 u. 2. Freilegen der Region der Carotisbifurkation zur Immersionsfixierung der Präparate. 1: Abtragen der Haut und Entfernen der Glandula submandibularis. 2: Durchtrennen der Sternocleidomastoideusgruppe am Sternum bzw. am medialen Viertel der Clavicula. Die Region der Aufzweigung der A. carotis communis ist unter dem kräftig ausgebildeten M. omohyoideus gelegen. Die A. carotis communis ist an der lateralen Kante des M. sternothyreoideus sichtbar

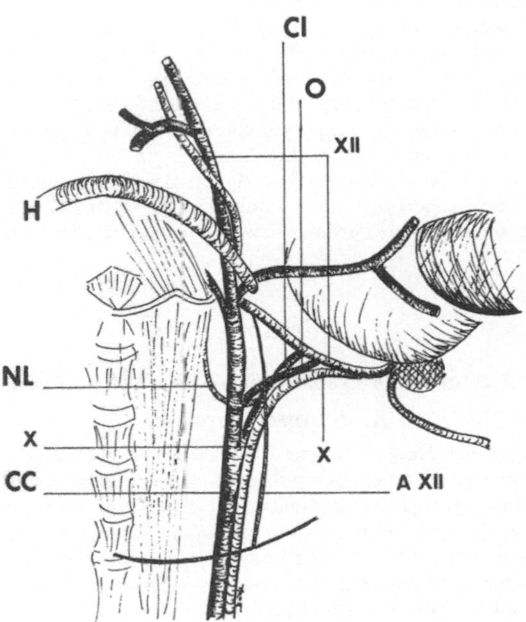

Abb. 3. Ansicht der Carotisbifurkation von vorne; Lupenvergrößerung. Der Truncus sympathicus, das Ganglion cervicale superius und seine Äste sind nicht dargestellt. *CC* A carotis communis, *CI* A. carotis interna, *O* A. occipitalis, *X* N. vagus, *XII* N. hypoglossus, *A. XII* Ansa nervi hypoglossi, *NL* N. laryngeus superius, *H* Os hyoideum

III. Elektronenmikroskopie

A. Morphologische Untersuchung

Die Präparation der Objekte für elektronenmikroskopisch-morphologische Untersuchungen erfolgt wie in Punkt II beschrieben. Die Dünnschnitte sind mit einem Diamantmesser an einem Reichert OmU3 Ultramikrotom angefertigt und mit einer gesättigten Lösung von Uranylacetat in Methanol und mit Bleicitrat nach Reynolds (1963) kontrastiert. Elektronenmiksroskop: Philips EM 200.

B. Nachweis intravenös injizierter Meerrettichperoxydase

Die mit Nembutal® anaesthesierten Tiere erhalten nach Öffnen des Abdomens 10 mg Meerrettichperoxydase (Boehringer Mannheim, Typ II) gelöst in 0,15 ml 0,7%iger Kochsalzlösung in die V. cava inferior injiziert. In Zeitabständen von 2, 3, 5, 10 und 25 min nach der Injektion werden die Tiere durch Perfusion vom linken Ventrikel aus (I A) 15 min fixiert. Danach wird die Carotisbifurkation freipräpariert (vgl. Abb. 1, 2 und 3) und der Hals der Tiere für weitere 4 Std bei 4° C immersionsfixiert. Danach über Nacht Waschen in 0,2 M Tris-HCl-Puffer pH 7,4 und Auspräparieren der Carotisbifurkation mit dem anhaftenden Cervicalganglion und Glomus caroticum.

Zum Nachweis der peroxydatischen Aktivitäten wird eine Modifikation der DAB-Methodik nach Graham und Karnovsky (1966) angewendet. Die A. carotis communis des Präparats wird über eine Injektionsnadel oder Plastikkanüle gezogen und zwar so, daß die Nadel- bzw. Kanülenspitze etwa 2 mm vor der Aufzweigungsstelle in Carotis interna und Carotis externa zu liegen kommt. Die Nadeln oder Kanülen werden an 10 ml Injektionsspritzen aus Plastik angeschlossen und letztere senkrecht an einem Ständer befestigt. Diese einfache Anordnung erlaubt die Perfusion der Carotispräparate mit Puffer, Inkubationsmedium usw. Bei einem Druck von 10 cm H_2O beträgt der Durchfluß etwa $1^1/_2$Tropfen (0,1 ml) pro min. Die starke Vaskularisation des Glomus caroticum erlaubt eine gleichmäßige und sichere Darstellung der peroxydatischen Aktivitäten in diesem Organ.

Das Inkubationsmedium besteht aus 10 mg DAB (Diammoniobenzidinium Tetrahydrochlorid) gelöst in 10 ml 0,2 M Tris-HCl-Puffer pH 7,4 und Zusatz von 0,1 ml 1% H_2O_2 (alle Chemikalien von Merck Darmstadt). Die Perfusionsinkubation wurde bei Zimmertemperatur 4—6 Std durchgeführt, das Inkubationsmedium jede Stunde erneuert.

Nach der Inkubation werden die Präparate von der Kanüle abgenommen, 3 × 10 min in destilliertem Wasser gespült und in 1% Osmiumtetroxyd mit 0,1 M Phosphatpuffer auf pH 7,4 gepuffert, 3—4 Std fixiert. Danach 3 × 10 min Waschen in destilliertem Wasser und Stückkontrastierung und Einbettung wie in Punkt II B beschrieben. Semidünnschnitte und Dünnschnitte werden ohne weitere Färbung bzw. Kontrastierung untersucht.

Befunde

I. Anatomische Präparation — Rekonstruktionen

A. Lupenpräparation

Nach dem Abtragen der Haut und dem Zurückschlagen der Glandula submandibularis mit einigen anhaftenden subkutanen Lymphknoten nach oben medial (Abb. 1) wird zuerst die Sternocleidomastoideusgruppe am Sternum bzw. am medialen Viertel der Clavicula durchtrennt und nach lateral oben geschlagen. Damit werden die Mm. sternohyoideus, sternothyreoideus und omohyoideus voll sichtbar. Die A. carotis communis schimmert beim unfixierten Präparat unter der lateralen Kante des M. sternothyroideus durch. Ihre Bifurkation ist unmittelbar unter oder auch hinter der Unterkante des hinteren Bauches des kräftig ausgebildeten M. digastricus gelegen. Als nächsten Schritt der Präparation entfernt man die Mm. sternohyoideus, sternothyreoideus und omohyoideus. Nach der Durchtrennung der Zwischensehne des M. digastricus und der Entfernung seiner hinteren Hälfte wird der N. hypoglossus sichtbar und die Bifurkation der A. carotis communis liegt frei zugänglich (Abb. 3). Alle bisher beschriebenen Präparationsschritte können mühelos mit freiem Auge durchgeführt werden.

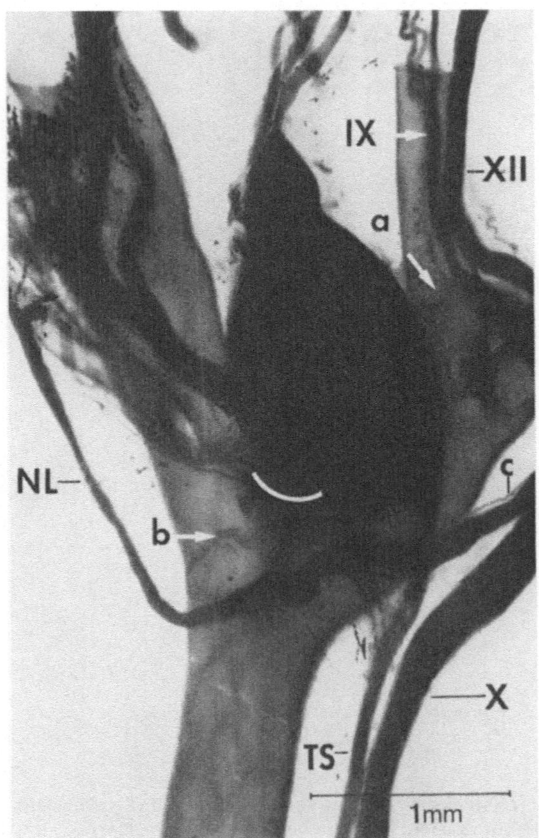

Abb. 4. Lupenpräparat der Region der Carotisbifurkation nach Perfusionsfixierung mit Glutaraldehyd und 15 min Kontrastierung in 1%iger OsO_4-Lösung. Carotisgabel der rechten Seite, Ansicht von dorsal. Die A. carotis externa und die daraus entspringende A. thyreoidea superior an der linken Bildseite, die A. carotis interna mit einer A. stapedia an der rechten Seite der Abbildung. Die A. occipitalis ist hinter dem Cervicalganglion abgeschnitten. Äste des Ganglion cervicale spuerius umschlingen die A. thyreoidea superior und begleiten die A. carotis externa; die nach cranial abgehenden Äste des Cervicalganglions sind von der begleitenden A. carotis interna etwas nach medial weggezogen. Folgende Nerven sind dargestellt: N. vagus (*X*) mit N. laryngeus superius (*NL*), N. glossopharyngeus (*IX*). N. hypoglossus (*XII*) und Truncus sympathicus (*TS*). *a* Ast des N. glossopharyngeus zur Region des Glomus caroticum (Sinusnerv), *b* Verbindung des N. laryngeus superius zur Region des Glomus caroticum, *c* Ast des N. laryngeus superius an die Wand der A. carotis interna in die Region ihrer Ursprungsstelle (Pressoreceptoren). Das Ganglion cervicale superius ist etwas angehoben, so daß die untere Hälfte des Glomus caroticum sichtbar wird. Sie ist von der Masse des Cervicalganglions durch eine weiße Linie abgegrenzt; 25×

Unter der Präparierlupe lassen sich bei Ansicht von lateral vorne weitere Einzelheiten erkennen: Die A. carotis communis teilt sich knapp unter dem Venter posterior des M. digastricus in eine nach vorne und etwas medial ziehende A. carotis externa und eine nach dorsal und lateral umbiegende A. carotis interna. Eine Anschwellung, die einem Sinus caroticus entsprechen würde, ist nicht zu erkennen (vgl. Adams, 1958). Unmittelbar nach ihrer Abzweigung gibt die A. carotis externa die A. occipitalis ab, welche an ihrer lateralen Oberfläche

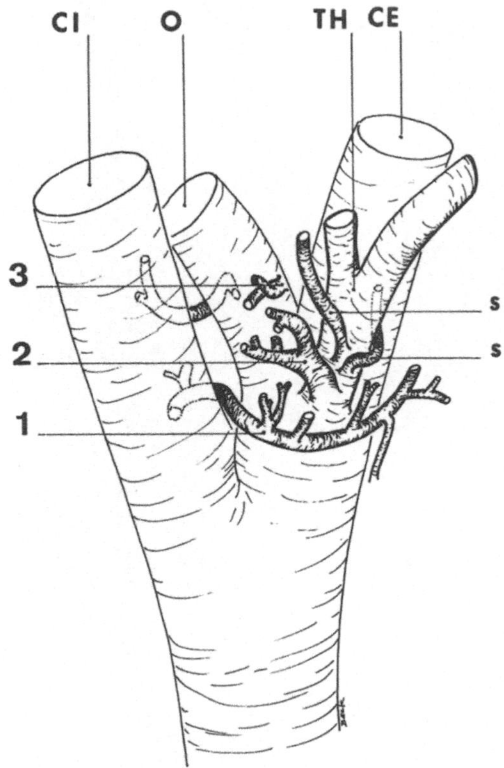

Abb. 5. Die arterielle Gefäßversorgung des Glomus caroticum. Rekonstruktion einer Schnittserie durch die Carotisbifurkation, Ansicht von dorsal, linke Körperseite. Das Glomus caroticum wird von drei Arterien versorgt. *1* Arterie aus der A. carotis interna für das caudale Drittel; *2* Arterie aus der A. thyreoidea superior bzw. A. carotis externa für das mittlere Drittel (Hauptast); *3* Arterie aus der A. occipitalis für das craniale Drittel. Die mit *s* bezeichneten Gefäße ziehen zum Ganglion cervicale superius bzw. zu dessen Hauptästen

entspringt. Die A. occipitalis ist von nahezu gleicher Dimension wie die A. carotis interna und zieht ebenfalls nach lateral und dorsal, wobei sie die A. carotis interna vorne überkreuzt. Die knapp über der Carotisbifurkation von der Rückseite der A. carotis externa entspringende — jedoch nach dorsal und medial ziehende — A. thyreoidea superior ist von vorne lateral nicht sichtbar. Weiters entspringt aus der A. carotis externa hinter dem Processus hyoideus die nach dorsal abgehende A. lingualis. Der N. vagus verläuft lateral neben der A. carotis interna bzw. seitlich vorne parallel zur A. carotis communis. Er gibt im Ganglion nodosum den N. laryngeus superius ab. Dieser steigt in Form einer Schlinge hinter der A. carotis interna ab und biegt zwischen dem Truncus sympathicus und der sich aufteilenden A. carotis communis zur A. thyreoidea superior um, mit der er wieder aufsteigt um sich ihrem Ramus laryngeus anzuschließen. Der N. hypoglossus zieht unmittelbar hinter der unteren Kante des hinteren Digastricusbauches; der Abgang der Ansa nervi hypoglossi ist mit der Lupe gerade noch erkennbar.

Präpariert man die Carotisbifurkation von dorsal, sieht man den Verlauf des Truncus sympathicus parallel zur A. carotis communis am hinteren äußeren Viertel ihrer Circumferenz. In der Höhe der Bifurkation, nach der Kreuzung des N. laryngeus superius beginnt die Anschwellung zum oberen Cervicalganglion. Die laterale Kontur desselben ist nahezu eine geradlinige Fortsetzung der Verlaufsrichtung des Truncus sympathicus; sie folgt der A. carotis

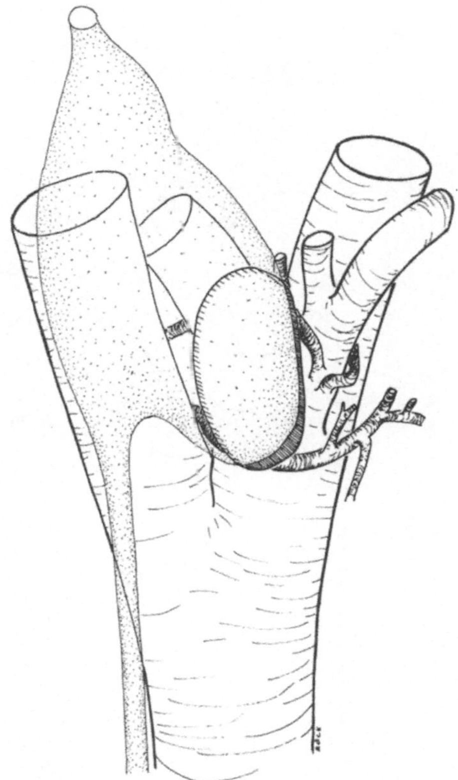

Abb. 6. Rekonstruktion der Gefäße im Gebiet der Carotisbifurkation wie in Abb. 5; über die Gefäße sind die Umrisse des Ganglion cervicale superius (punktiert) und des davor gelegenen Glomus caroticum (schraffiert) projiziert. Nur ein geringer Teil des Glomus caroticum ist bei Ansicht von dorsal nicht vom oberen Cervicalganglion verdeckt

interna. Der mediale Umriß des Cervicalganglions dagegen ladet weit nach unten und medial aus und verdeckt so das Gebiet zwischen den beiden Carotiden. Der Abgang der A occipitalis aus der A. carotis externa ist von dorsal nicht sichtbar (Abb. 4, 6). Nach oben zu verjüngt sich das Cervicalganglion bis auf einen oder zwei stärkere Faserzüge, die die A. carotis interna begleiten. Die A. carotis externa wird ebenfalls von starken Faszikeln aus dem Ganglion cervicale superius begleitet, welche nach medial abgehen und an ihrem Abgang die dorsal aus der A. carotis externa entspringende A. thyreoidea superior umfassen.

Das Glomus caroticum ist dem oberen Cervicalganglion ventral angelagert (Hollinshead, 1945) und kann von diesem nicht abpräpariert werden. Bei Ansicht von dorsal projiziert es sich ziemlich genau auf den am Beginn des Cervicalganglions nach medial und unten ausladenden Anteil desselben und entspricht in seiner Größe etwa dem medialen unteren Quadranten der Projektionsfläche des Ganglion cervicale superius (Abb. 6, 7).

Werden die Präparate etwa 15 min in 1%iger Osmiumtetroxydlösung geschwärzt, können neben den schon beschriebenen Strukturen folgende feine Nervenverbindungen identifiziert werden (Abb. 4):

a) Ein Ast des N. laryngeus superius, der etwa an der medialen Seite der A. carotis communis oder hinter der A. carotis externa abzweigt. Er verläuft im Bogen rückwärts und zieht hinter dem medialen unteren Ende des oberen Cervicalganglions in Richtung auf das Glomus caroticum.

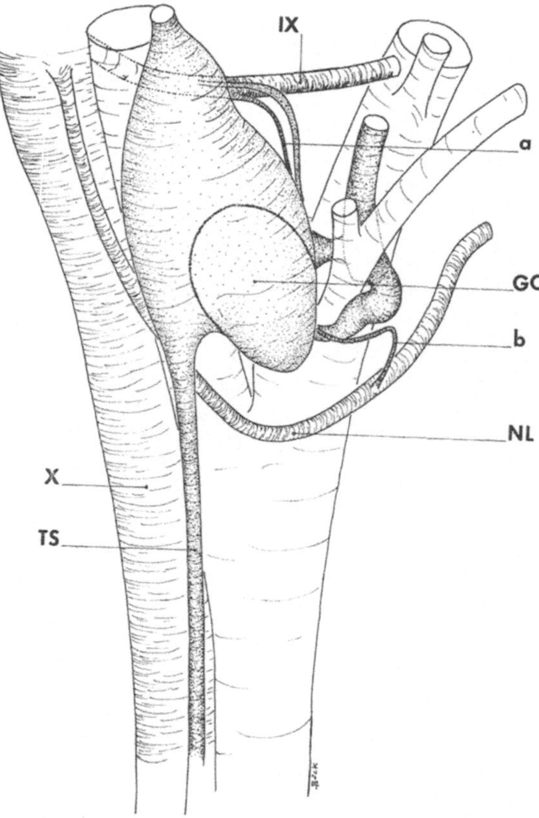

Abb. 7. Rekonstruktion des Verlaufes der Nerven in der Region der Carotisbifurkation. Der Truncus sympathicus (*TS*), das obere Cervicalganglion und dessen Äste sind punktiert, der Umriß des Glomus caroticum (*GC*) ist in das Ganglion cervicale superius eingetragen. In die Region des Glomus caroticum ziehen *a* Ast des N. glossopharyngeus (*IX*) und *b* Ast des N. laryngeus superius (*NL*)

b) Ein Ast des N. glossopharyngeus, der ebenfalls in Richtung auf das Glomus caroticum zieht und

c) feinste Äste, welche vom N. vagus oder vom N. laryngeus superius bald nach dem Ganglion nodosum abzweigen. Sie erreichen den lateralen und vorderen Wandabschnitt der A. carotis interna kurz nach der Carotisbifurkation.

B. Serienschnitte und graphische Rekonstruktion

Rekonstruiert man Schnittserien durch die Region der Carotisbifurkation läßt sich folgende Form der arteriellen Gefäßversorgung des Glomus caroticum erkennen. Das Organ erhält aus drei Hauptgefäßen arteriellen Zufluß (Abb. 5), die im folgenden als Arterien 1, 2 und 3 bezeichnet werden.

1. An der Vorderseite der A. carotis interna, nur wenig höher als die Aufzweigungsstelle der Carotiden, entspringt eine Arterie, deren Durchmesser etwa $^1/_8$ des Durchmessers der A. carotis interna beträgt. Sie verläuft nahezu waagrecht nach medial, der Vorderwand des Muttergefäßes dicht anliegend, biegt nach

dorsal um, indem sie zwischen A. carotis interna und A. carotis externa in der Gefäßgabel nach hinten verläuft und wendet sich darauf wieder nach medial, jetzt der Hinterwand der A. carotis externa dicht angeschlossen. Nachdem diese Arterie die mediale Seite der A. carotis externa erreicht hat, spaltet sie sich in einen aufsteigenden und einen absteigenden Endast. Während ihres Verlaufes gibt sie folgende Äste ab: Unmittelbar nach dem Ursprung einen an der Vorderseite der A. carotis interna aufsteigenden Ast, in der Bifurkation und an der lateralen Rückwand der A. carotis externa zwei bis drei aufsteigende Äste für das Glomus caroticum und an der medialen hinteren Wand der A. carotis externa einen aufsteigenden Ast für das Ganglion cervicale superius.

2. Als erste Äste der A. carotis externa entspringen in gleicher Höhe die A. occipitalis von der lateralen Circumferenz und die A. thyreoidea superior von der hinteren Circumferenz. Unmittelbar am Ursprung der A. thyreoidea superior entwickelt sich an deren dorsalen Seite ein weiterer Arterienast, der sofort nach lateral umbiegt und mit einem oberen und unteren Hauptast die mittleren Partien und damit auch den Hauptanteil des Glomus caroticum versorgt.

3. Von der dorsalen Wandhälfte der A. occipitalis entspringt eine kleine Arterie, welche sich unmittelbar nach ihrem Abgang nach dorsal verzweigt und das craniale Drittel des Glomus caroticum versorgt.

Die Rekonstruktionen aus Serienschnitten lassen für die Nervenversorgung (Abb. 7) prinzipiell keine weiteren Einzelheiten erkennen, wie sie nicht bereits im Abschnitt I, A beschrieben wurden. In die Region des Glomus caroticum ziehen Äste des N. glossopharyngeus („Sinusnerv") und des N. vagus bzw. des N. laryngeus superius. Ferner wird der innige Kontakt, den das Glomus caroticum mit dem oberen Cervicalganglion eingeht, an histologischen Schnitten erst deutlich: Besonders im Bereich des cranialen Drittels ist das Glomus caroticum mit dem Cervicalganglion praktisch verschmolzen, im mittleren Abschnitt liegen beide Organe dicht aneinander (Abb. 8a) und nur im unteren Drittel löst sich das Glomus caroticum vom Cervicalganglion und reicht etwas nach medial und unten über dessen Konturen hinaus. Nach vorne zu entwickelt das Glomus caroticum im unteren Drittel einen kurzen Fortsatz zwischen die Carotiden, entsprechend der versorgenden Arterie 1.

Die Hauptmenge von Axonen, welche in das Glomusparenchym ziehen, stammen vom Cervicalganglion. Bei der innigen Beziehung zwischen dem oberen Drittel des Glomus caroticum mit dem Cervicalganglion gewinnt man den Eindruck, daß das Glomus caroticum ein Teil des Ganglions sei. Häufig findet man in das Ganglion eingesprengte Nester von Glomusgewebe (Abb. 43) und gemeinsame Capillarnetze.

Der Sinusnerv (in Abb. 7 mit a bezeichnet), die Verbindung des N. glossopharyngeus mit dem Glomus caroticum, mißt am Querschnitt 60×25 µm (Abb. 8b). Er ist von Perineurium umhüllt und enthält etwa zehn stark myelinisierte Axone (Durchmesser größer als 5 µm), weiters etwa die halbe Zahl dünnerer und schwächer myelinisierter Axone und einen Faserzug markfreier Axone.

Der Ast des N. laryngeus superius zum Glomus caroticum (in Abb. 7 mit b bezeichnet) ist dünner als der Sinusnerv: 30×20 µm (Abb. 8c). Er enthält rund vier stark myelinisierte Axone, etwa die gleiche Anzahl schwach myelinisierter Achsenzylinder und mehrere Züge markfreier Fasern. Auch dieser Nerv ist von Perineurium umhüllt.

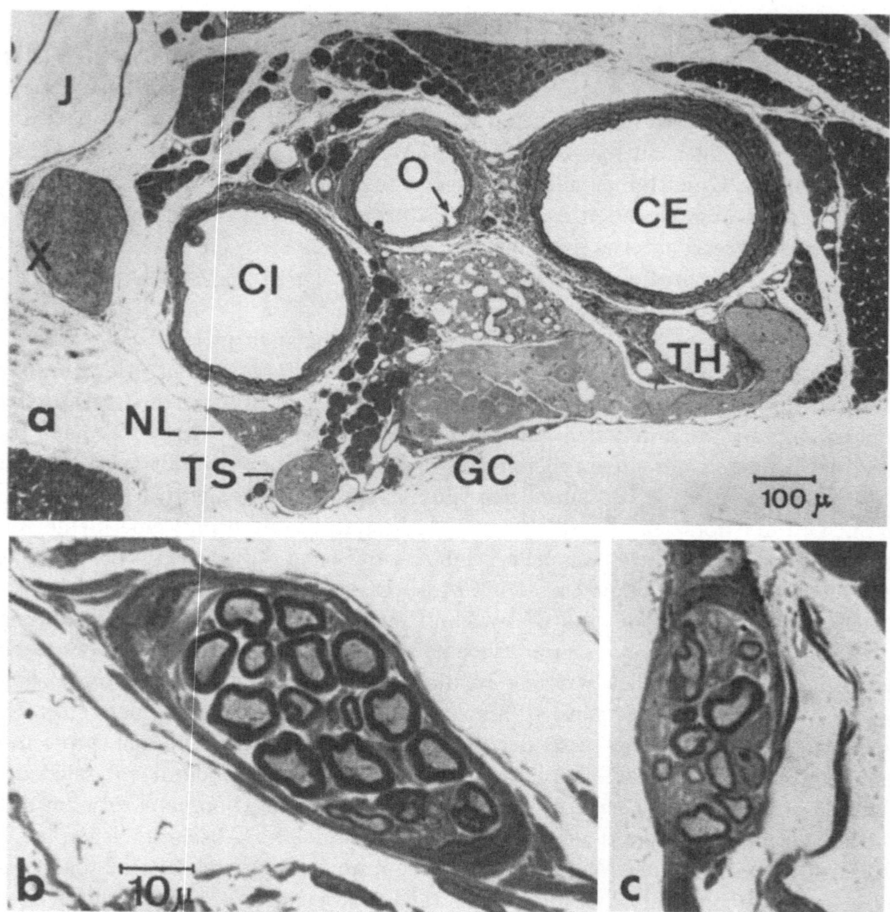

Abb. 8. a Lichtmikroskopische Übersichtsaufnahme der Region der Carotisbifurkation in der Höhe zwischen mittlerem und cranialem Drittel des Glomus caroticum. Das Glomus caroticum liegt dem oberen Cervicalganglion (*GC*) an dessen Vorderseite dicht an. Der Ursprung der zum Glomus caroticum führenden Arterie 3 (vgl. Abb. 5) aus der A. occipitalis (*O*) ist mit einem Pfeil markiert. Der N. laryngeus superius (*NL*) ist zwischen Truncus sympathicus (*TS*) und A. carotis interna (*CI*) gelegen, der N. vagus (*X*) lateral von der A. carotis interna, vor dem N. vagus die V. jugularis interna (*J*); 80 ×. b Ast des N. glossopharyngeus in die Region des Glomus caroticum (Sinusverv); 1000 ×. c Ast des N. laryngeus superius in die Region des Glomus caroticum; 1000 ×

II. Lichtmikroskopische Befunde an Semidünnschnitten

A. Das Glomusparenchym

Im organspezifischen Gewebe lassen sich zwei Zellformen differenzieren:

Typ I-Zellen (chromaffine Zellen, Glomuszellen) sind runde oder oval geformte Zellen mit locker strukturiertem Kern. Der Durchmesser des Cytoplasmaareals beträgt 10—15 μm, der des kugeligen Kernes durchschnittlich 8 μm. Bei günstiger

Schnittführung erkennt man in den Kernen 1—2 Nucleolen. Das schwach basophile Cytoplasma läßt nach der Färbung mit Toluidinblau keine weiteren Strukturdetails erkennen. Einzelne intensiver gefärbte Granula entsprechen wohl Mitochondrien. Nur selten findet man kurze Cytoplasmaausläufer.

Typ II-Zellen (Hüllzellen, Stützzellen) sind durch einen dichter strukturierten, meist ovalen Kern gekennzeichnet, der häufig einen Nucleolus aufweist. Das Cytoplasma ist etwas stärker basophil als das der Glomuszellen und liegt — soweit es zu erkennen ist — den Typ I-Zellen halbmondförmig an.

Chromaffine Zellen und Hüllzellen können zu kleinen Gruppen geballt (6—8 Zellen pro Anschnitt) oder in Form epitheloider Zellstränge aneinandergereiht gefunden werden; Auch einzeln liegende chromaffine Zellen sind zu beobachten, wobei der Kern der zugehörigen Hüllzelle meist nicht angeschnitten ist. Die Ballen oder Stränge des Parenchyms weisen innige Beziehung zu dünnwandigen Capillaren auf.

B. Die Nerven des Glomus caroticum

Zwischen den Zellballen und Zellsträngen des Parenchyms findet man zahlreiche Nervenstämmchen unterschiedlichen Kalibers, die fast ausschließlich zum Ganglion cervicale superius ziehen bzw. von dort kommen. Größere Nervenstämmchen (Durchmesser um 30 μm) lassen im Querschnitt neben zahlreichen feinen Faserzügen 1—3 markhaltige Axone erkennen. Die Nerven sind von 1—2 Cytoplasmalamellen perineuraler Zellen umhüllt. Capillaren innerhalb des Endoneuralraumes kommen bei Nerven dieser Dimension nicht vor. Die Nervenstämmchen teilen sich, wobei sie ihre perineurale Hülle nicht verlieren. In diesen Abschnitten des Verlaufes muß die Markscheide der bis dahin myelinisierten Axone endigen, denn in kleineren Nerven (Durchmesser um 10 μm) befinden sich ausschließlich markfreie Axone. Solche Nerven treten an die Ballen chromaffiner Zellen heran, wobei sich das Perineurium meist über die eine Hälfte der Oberfläche des Glomuszellhaufens weiter fortsetzt, während von der anderen Seite her Capillaren an die Glomuszellen herantreten. Da die perineuralen Zellen lichtmikroskopisch nicht mit Sicherheit von den lamellär verzweigten Bindegewebszellen des Stromas unterschieden werden können, ist die Stelle der Endigung des Endoneuralraumes bzw. das terminale Verhalten des Perineuriums nicht mit Sicherheit zu beurteilen. Auch nach Anwendung der Perjodsäure-Schiff-Reaktion oder nach Versilberung der Basalmenbranen kann lichtmikroskopisch keine Klärung in dieser Frage erzielt werden (vgl. S. 42).

In der Adventitia der zuführenden Arterien (Gefäße 1, 2, 3) und der Arteriolen im Glomus caroticum, lassen sich Stämmchen von Gefäßnerven nachweisen.

C. Die Gefäße des Glomus caroticum

Von den auffallend zahlreichen Gefäßen weisen die arteriellen Abschnitte Besonderheiten auf. An Verzweigungsstellen bzw. am Abgang eines kleineren Gefäßes von einem größeren findet man regelmäßig „Klappenbildungen“ der Intima. Dies gilt für die Ursprünge der drei das Glomus caroticum versorgenden Haupt-

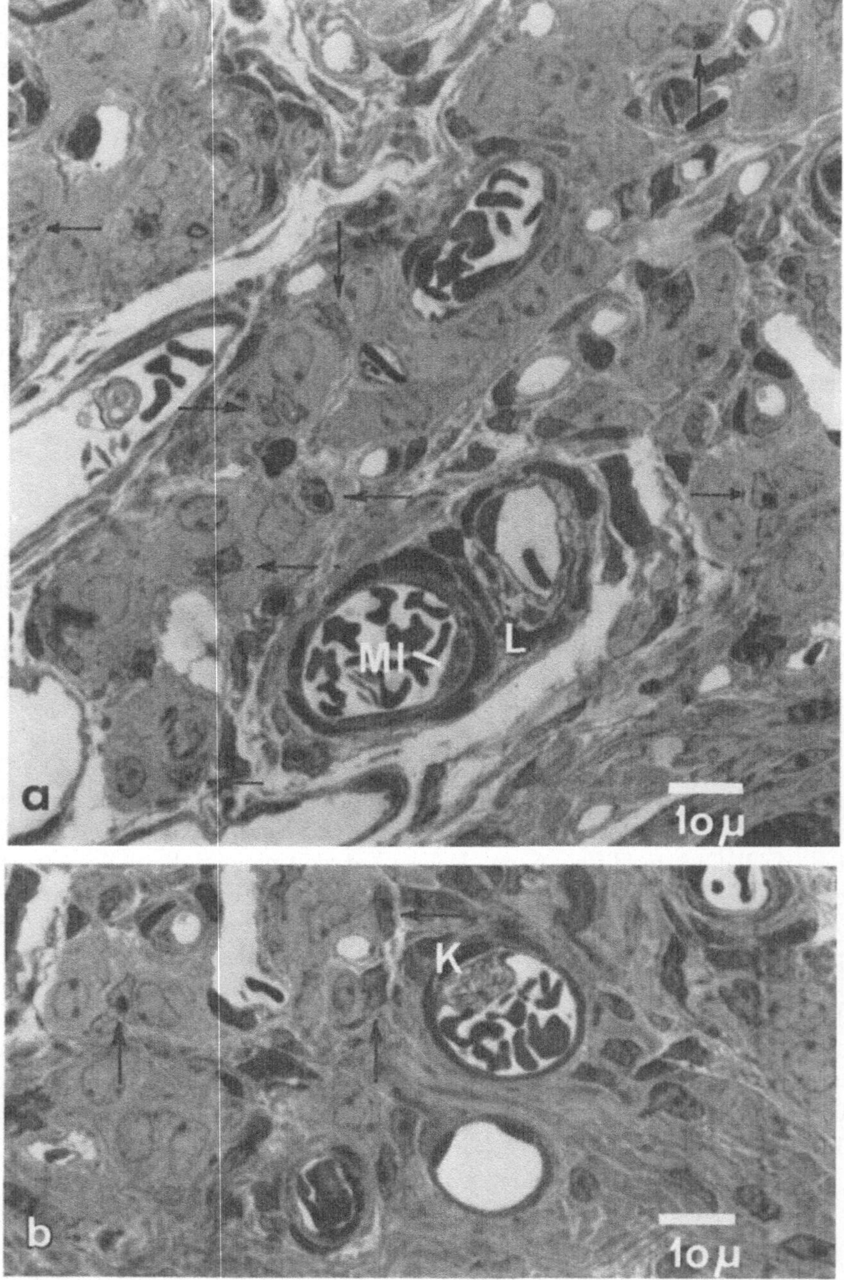

Abb. 9a u. b. Das Glomusparenchym ist in Form epitheloider Zellstränge oder Zellballen angeordnet. Neben den Typ I-Zellen, die durch ihren locker strukturierten Kern gekennzeichnet sind, wird es von Typ II-Zellen mit kleineren, dichter strukturierten Kernen (Pfeile) aufgebaut. In den Arteriolen des Glomus caroticum findet man lamelläre Verdickungen der Intima (a, *L*) oder wulstförmige bis klappenartige Bildungen (b, *K*). *MI* Mitose einer Endothelzelle; 1000×

gefäße (Abb. 8a) wie für Aufzweigungen dieser Arterien innerhalb des Glomus caroticum selbst (Abb. 9a, b).

Es handelt sich um Auffaltungen der Intima in der Längsrichtung des Hauptgefäßes, im Inneren der Intimawülste findet man eine parallel zur Gefäßwand verlaufende Lamellierung. Die Media des Gefäßes ist weder mit elastischen Lamellen noch mit glatten Muskelzellen an der Bildung der Klappen beteiligt (Abb. 10e, f). Die Größe der Klappen ist abhängig vom Kaliber des Gefäßes; sie können bis in das halbe Lumen vorreichen. Vor dem Abgang des Tochtergefäßes findet man zwei parallel gestellte Lamellen, die zu beiden Seiten an der Ursprungsöffnung vorbeilaufen und sich danach vereinigen (Abb. 10a—d). Manchmal beobachtet man auch eine flächenförmige Verdickung der Intima, die von derartigen Klappen ausgeht. Sie wird durch die Einlagerung von Zellamellen, die in Kontinuität mit den Cytoplasmalamellen innerhalb der Klappen stehen, bewirkt (Abb. 9a). Solche flächige Intimaverdickungen können in seltenen Fällen die gesamte Circumferenz des Lumens eines Gefäßes betreffen.

Die arteriellen Gefäße im Glomus caroticum sind mit einer einfachen Lage zirkulär verlaufender glatter Muskulatur ausgestattet und damit als Arteriolen zu bezeichnen. Sie gehen unmittelbar in die Capillaren des Glomusparenchyms über. Die Capillaren sammeln sich nach kurzem Verlauf entlang der Oberfläche der Glomuszellhaufen zu dünnwandigen, weiten Venen an der Oberfläche des Organs.

Einige Arteriolen aus dem Glomus caroticum bzw. der das Glomus versorgenden Arterie 2 treten direkt in das Ganglion cervicale ein. Arteriovenöse Anastomosen konnten nicht nachgewiesen werden.

D. Die Bindegewebszellen

Die Bindegewebszellen des Interstitiums besitzen flache oder elongierte Kerne mit meist dichter Chromatinstruktur. Sie zeigen charakteristische lamelläre Cytoplasmafortsätze. Diese Cytoplasmafortsätze setzen die Verlaufsrichtung der perineuralen Zellen fort und man gewinnt den Eindruck, das Glomus caroticum würde durch die Zellfortsätze und ihre Verzweigungen in zahlreiche kleinere Räume unterteilt. Die Zellen umhüllen regelmäßig als adventitielle Zellen Nerven, Gefäße und Parenchyminseln.

An fibrillären Bindegewebselementen lassen sich ausschließlich Bündel kollagener Fibrillen nachweisen. Elastisches Material kommt nur in Arterienwänden vor. Eine Organkapsel existiert nicht. An der Oberfläche des Glomus caroticum strahlt das bindegewebige Stroma in die Bindegewebssepten zwischen den Fettläppchen ein bzw. geht kontinuierlich in die Adventitia der Carotiden über.

Als spezialisierte Bindegewebszellen finden sich im Stroma relativ häufig Mastzellen mit intensiv, z.T. metachromatisch angefärbten Granula. Diese Zellen grenzen nie an das Parenchym. Makrophagen sind lichtmikroskopisch nur schwer identifizierbar, außer sie enthalten bereits größere Phagolysosomen oder Restkörper. Noch seltener findet man eosinophile Granulocyten.

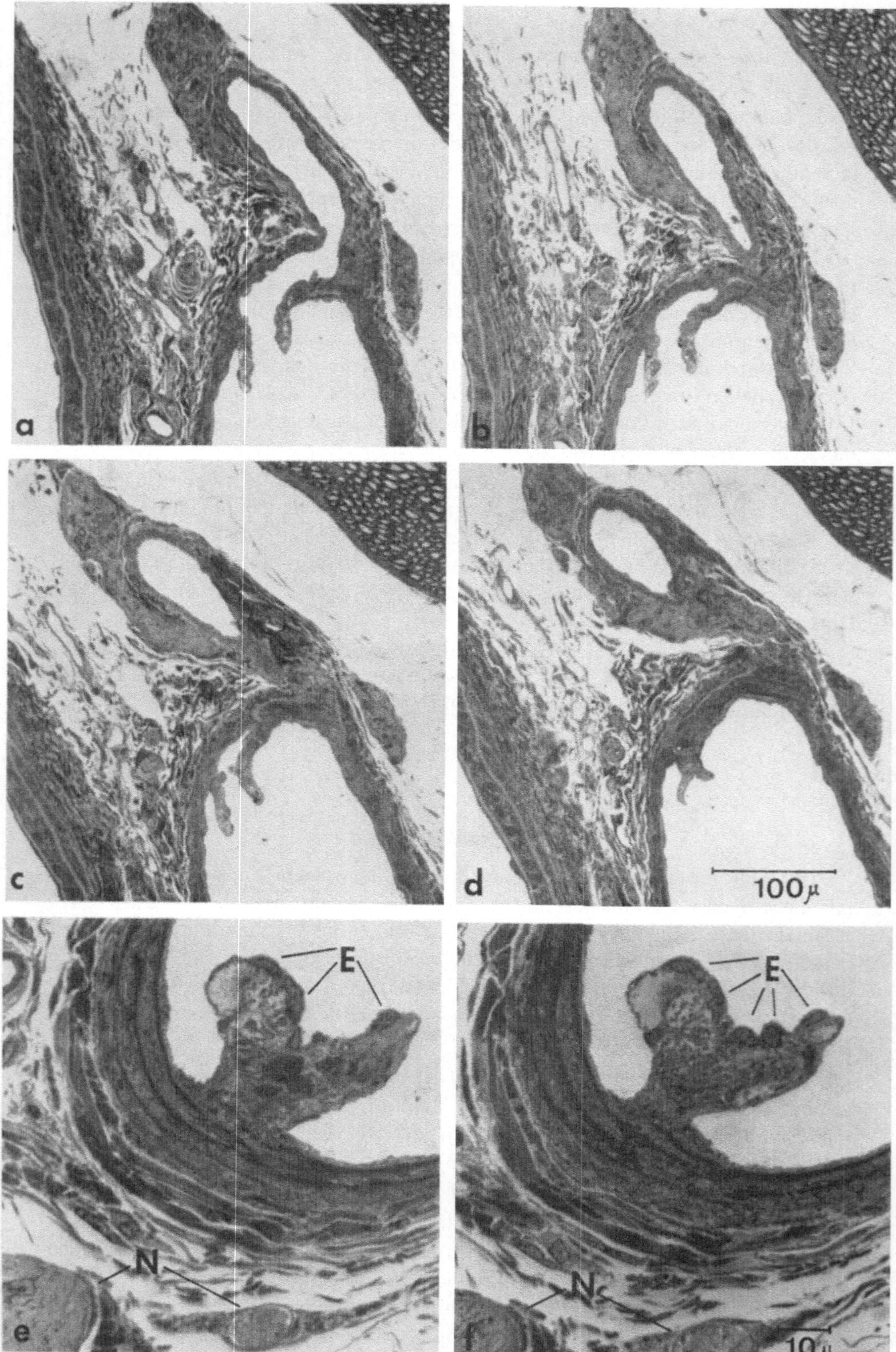

Abb. 10a—f

III. Fluorescenzmikroskopischer Nachweis von Catecholaminen

A. Das Glomusparenchym

Nach Bedampfung der gefriergetrockneten Gewebe mit trockenem Formaldehydgas zeigen die chromaffinen Zellen des Glomus caroticum intensive hellgrüne Fluorescenz. In 10—15 μm dicken Paraffinschnitten liegt derart viel fluorescierendes Reaktionsprodukt vor, daß die Farbe des emittierten Lichtes als weiß bis weißgelblich wahrgenommen wird. Durch die starke Fluorescenzintensität kommt es in solchen Präparaten zu Überstrahlungseffekten, die leicht mit Diffusionsartefakten verwechselt werden können (Abb. 11a, c). Liegt weniger fluorescierendes Reaktionsprodukt vor, wie z.B. in den 1,0—1,5 μm dicken Semidünnschnitten, kann man den hellgrünen Farbton des von den chromaffinen Zellen emittierten Lichtes eindeutig erkennen. Die Fluorescenz ist in solchen Präparaten scharf auf die Cytoplasmabereiche der Glomuszellen begrenzt (Abb. 11b, d; 12). Die Fluorescenzintensität und damit der Catecholamingehalt im Glomusparenchym ist nur mit der im Nebennierenmark zu erzielenden Reaktion zu vergleichen.

Bei den chromaffinen Zellen sind zwei Strukturdetails auffallend, für die Äquivalente im elektronenmikroskopischen Bild beobachtet werden können (s. S. 29):

a) Das Cytoplasma der Glomuszellen fluoresciert in der Nähe der Zelloberfläche stärker als in den zentral gelegenen Arealen und

b) es gibt unterschiedlich intensiv fluorescierende Glomuszellen neben allen Übergangsformen zwischen stark und schwach leuchtenden Zellen (Abb. 12a, b).

Bisweilen ist zu beobachten, daß die chromaffinen Zellen Cytoplasmafortsätze besitzen, deren Fluorescenzintensität ähnlich der Leuchtstärke des Cytoplasmas ist; aber auch Zellfortsätze die wesentlich stärker als das Cytoplasma fluorescieren, können nachgewiesen werden (Abb. 12a).

B. Paraganglionäre Zellen im Truncus sympathicus

Die Nervenzellen des Ganglion cervicale superius weisen wesentlich schwächere Fluorescenzintensität auf als die chromaffinen Zellen (Abb. 11b). Die enge Lagebeziehung zwischen Glomus caroticum und sympathischem Halsganglion ist bei fluorescenzmikroskopischen Präparaten besonders eindrucksvoll. Zum Teil gewinnt man den Eindruck, einzelne Glomuszellballen wären bereits in die Masse des Cervicalganglions einbezogen. Darüber hinaus lassen sich vereinzelte, intensiv fluorescierende Zellen nachweisen, die verstreut im gesamten Volumen des oberen Cervicalganglions und im Truncus sympathicus gefunden werden.

Diese Tatsache ist unabhängig von der innigen Beziehung zwischen Glomus caroticum und dem Cervicalganglion, die bei der Maus gegeben ist. Auch bei anderen Species, wo ein derartig enger Kontakt zwischen Glomus caroticum und

Abb. 10a—d. Folgeschnitte bei einem Gefäßabgang. Die Abzweigung des kleineren Gefäßes vom Hauptgefäß wird durch klappenartige Intimafalten umgrenzt, die nach dem Gefäßabgang zu einer spornartigen Bildung verschmelzen; 250×. e und f. An der Bildung von Intimafalten ist weder die Muskulatur der Tunica media beteiligt, noch ziehen elastische Lamellen in das Stroma der Falten. Die Klappen sind von Endothel (*E*) überzogen, in ihrem Inneren erkennt man verzweigte Zellen (e) und lamelläre Cytoplasmafortsätze (f). Nervenstämmchen sind mit *N* bezeichnet; 1000×

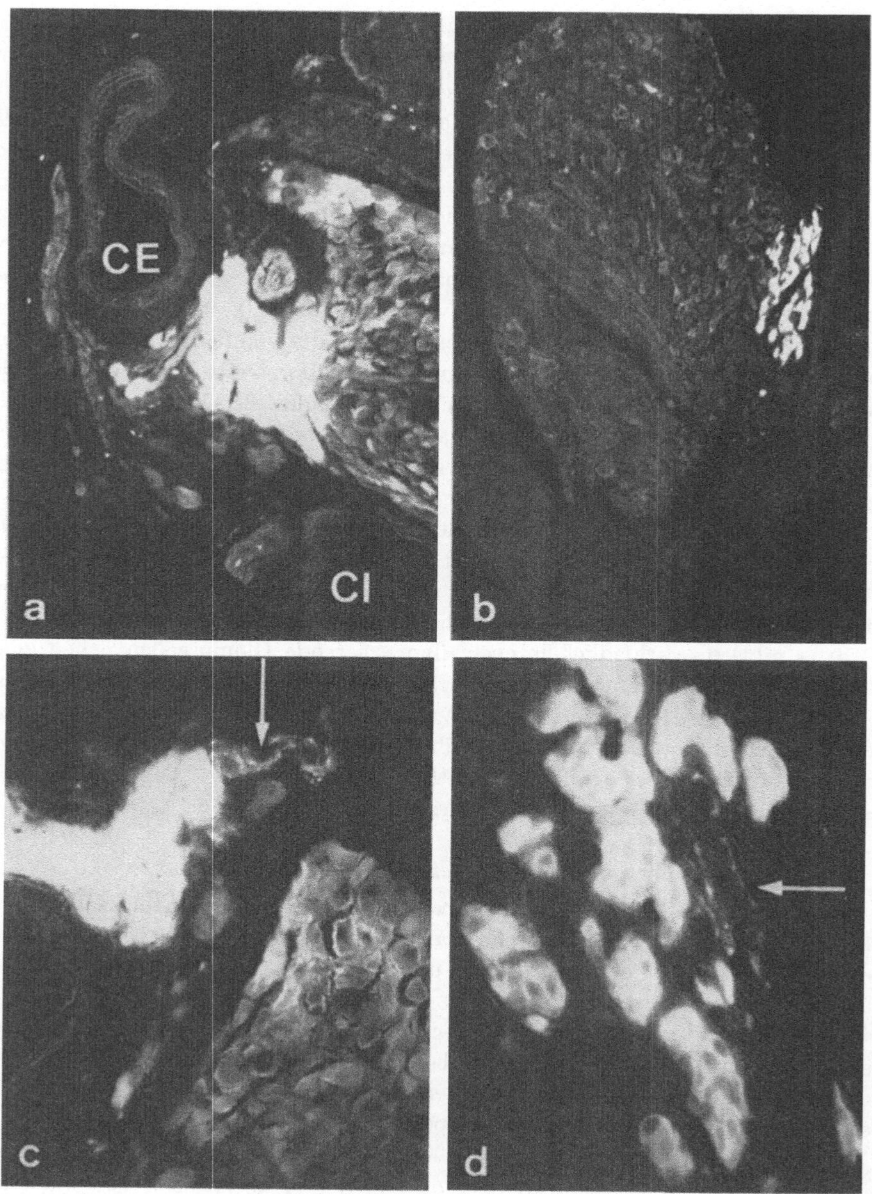

Abb. 11a—d. Formaldehydinduzierte Fluorescenz der Catecholamine. a und c 15 µm dicke Paraffinschnitte, b und d 1,5 µm dicke Semidünnschnitte. Die intensive grüngelbe Fluorescenz der paraganglionären Zellen führt in dickeren Schnitten zur Überstrahlung (a und c), bei Semidünnschnitten ist das fluorescierende Reaktionsprodukt distinkt lokalisiert (b und d). a, b Übersichtsaufnahmen zeigen die innige Beziehung zwischen Glomus caroticum und oberem Cervicalganglion. Die Fluorescenzintensität der sympathischen Ganglienzellen ist wesentlich geringer als die Leuchtstärke der paraganglionären Zellen; 80×. c, d Die Arterien, die in das Glomus caroticum ziehen, besitzen einen gut ausgebildeten adrenergen Gefäßplexus (Pfeile); 150×

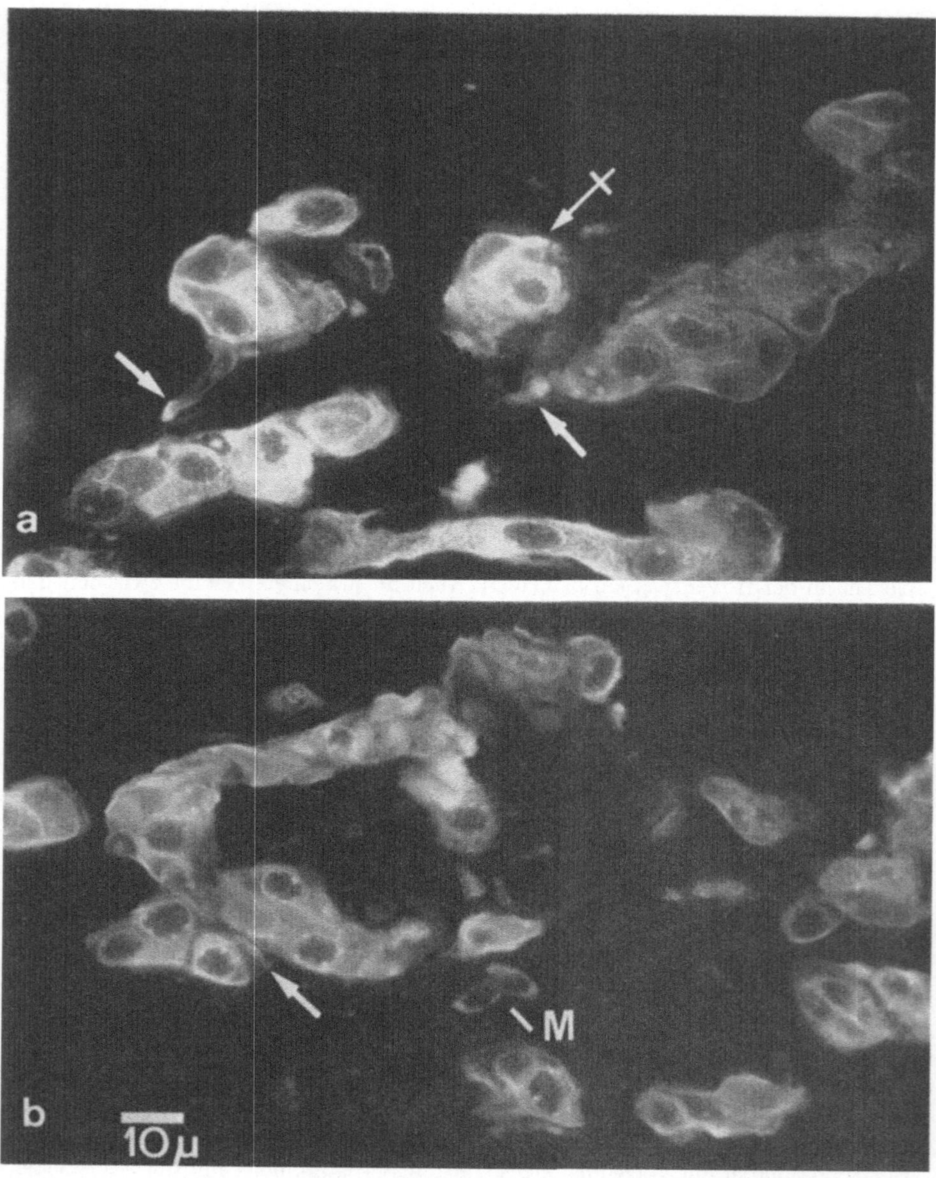

Abb. 12a u. b. Die Fluorescenzintensität einzelner chromaffiner Zellen unterscheidet sich beträchtlich (a). Periphere Cytoplasmaareale fluorescieren stärker als zentral gelegene Partien. Zellfortsätze der chromaffinen Zellen (Pfeile) fluorescieren meist gleich stark wie das Cytoplasma. Nur vereinzelt findet man Fortsätze, die auffallend stark fluorescieren (a, durchkreuzter Pfeil). Die Leuchtstärke der Mastzellen ist geringer als die Fluorescenzintensität der chromaffinen Zellen (b, *M*); 800×

Ganglion cervicale superius nicht vorliegt, werden regelmäßig intensiv fluorescierende Zellen im Cervicalganglion gefunden (Eränkö und Härkönen, 1965; Hervonen und Kanerva, 1972).

Im Gewebe um das Glomus caroticum sind zahlreiche fluorescierende Nervenfasern, Äste des Ganglion cervicale superius, zu lokalisieren.

C. Mastzellen

Im Bindegewebe um das Glomus caroticum, vor allem entlang größerer Nervenfasern und Gefäße findet man Mastzellen. Seltener sind Mastzellen zwischen den Inseln von chromaffinen Zellen gelegen. Die gelbe Farbe des emittierten Fluorescenzlichtes ist einwandfrei von der Fluorescenzfarbe der Glomuszellen zu unterscheiden. Bei Anwendung des Sperrfilters K 470 ist die Leuchtintensität der Mastzellen geringer als die Leuchtkraft der meisten Glomuszellen (Abb. 12b). Die granuläre Lokalisation des Reaktionsproduktes ist gut zu beobachten.

D. Adrenerge Gefäßnerven

In der Wand der großen Arterien vom elastischen Typ, wie z.B. der Aa. carotis communis, carotis interna und externa sind nur wenige fluorescierende Axone zu lokalisieren. Die kleineren zum Glomusparenchym ziehenden Arterien 1, 2 und 3 vom muskulären Typ besitzen ein ausgeprägtes Geflecht adrenerger Nerven in der Adventitia (Abb. 11c, d). Auch noch kleinere Gefäße zwischen den Inseln und Strängen chromaffiner Zellen werden von einzelnen adrenergen Nervenfasern begleitet.

IV. Die Feinstruktur des Glomus caroticum

A. Das Glomusparenchym

1. Die chromaffinen Zellen (Glomuszellen, Typ I-Zellen)

Die Bezeichnungen chromaffine Zellen, Glomuszellen und Typ I-Zellen werden im folgenden als Synonyme verwendet.

Der Durchmesser der Glomuszelle schwankt zwischen 10 und 15 μm, der Durchmesser ihres Kernes beträgt rund 8 μm. Die Form der Zellen ist rund bis oval, sofern sie nicht wegen der dichten, epithelartigen Lagerung Einbuchtungen aufweisen, in welche dann eine mehr rund oder oval geformte chromaffine Zelle eingebettet ist (Abb. 13, 14).

Der Kern der Glomuszellen (Abb. 14, 15) ist locker strukturiert. Abschnitte von Heterochromatin finden sich selten. Meist ist im Anschnitt nur eine kernwandnahe Chromatinverdichtung zu beobachten, die Regionen der Kernporen sind davon ausgespart. Hier sind nicht selten Perichromatingranula lokalisiert. Relativ häufig ist ein Nucleolus angeschnitten, der dann meist mit der assoziierten Chromatinverdichtung gleichfalls an der Kernwand gelegen ist. Die Nucleolen sind von geringerer Elektronendichte als das Heterochromatin, sie weisen fädige Strukturierung auf. Ihre Größe schwankt von 0,3—0,5 μm (Abb. 15).

Mitotische Teilungen von Glomuszellen (Kondo, 1971) konnten nicht beobachtet werden.

Der gleichmäßig weite Extrazellulärraum zwischen den epitheloid gelagerten Glomuszellen ist 250 Å breit. Die chromaffinen Zellen sind untereinander durch Desmosomen zusammengehalten. Membranverschmelzungen zwischen Glomuszellen (Al-Lami und Murray, 1968a) konnten nicht nachgewiesen werden.

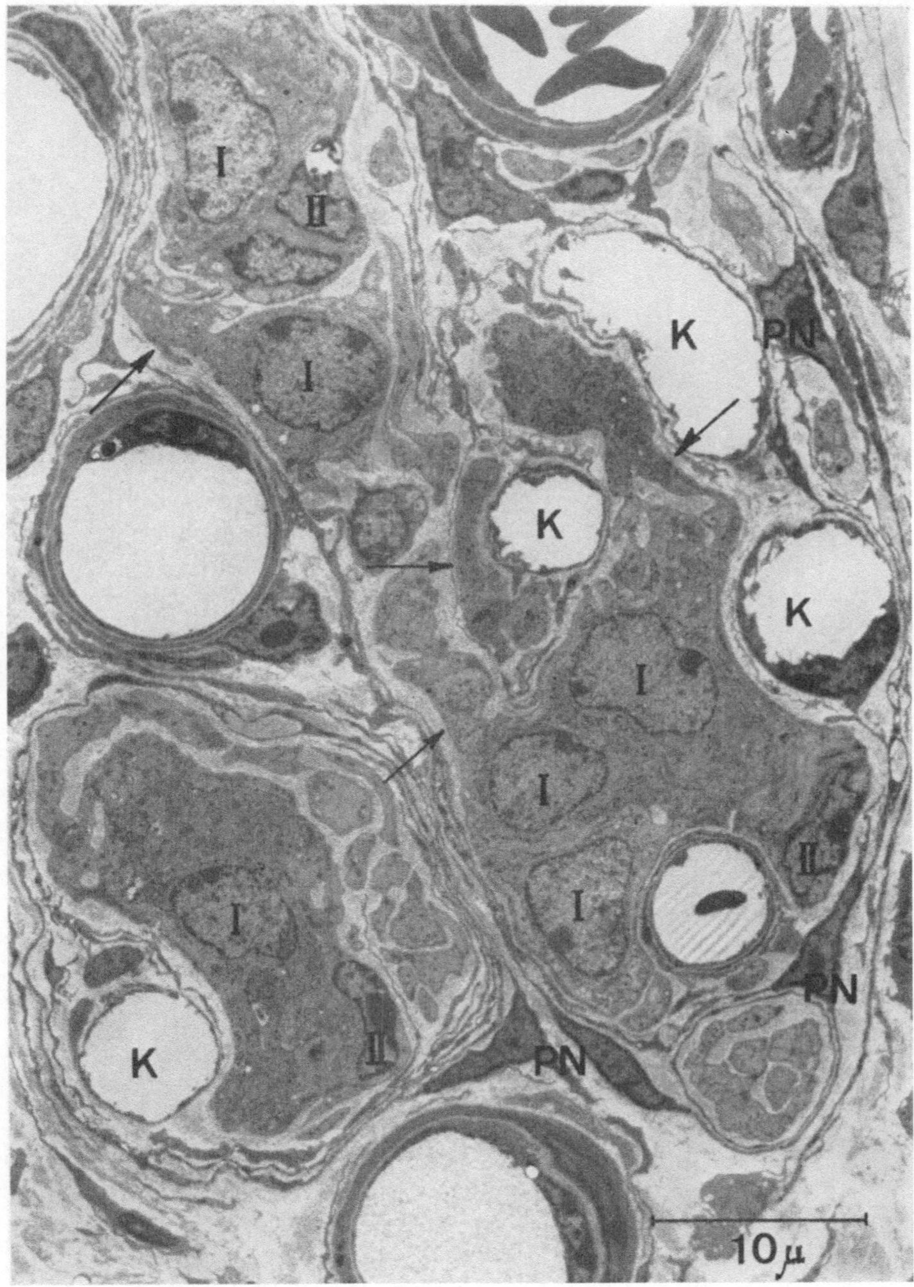

Abb. 13. Elektronenmikroskopische Übersichtsaufnahme. Im Glomusparenchym lassen sich chromaffine Zellen (*I*) und Stützzellen (*II*) unterscheiden, die epithelartig aneinandergelagert sind. Plumpe Cytoplasmafortsätze der chromaffinen Zellen sind durch Pfeile bezeichnet. Die Zellinseln des Glomusparenchyms sind von lamellären Cytoplasmafortsätzen umhüllt, die nur zum Teil als Zellausläufer perineuraler Zellen (*PN*) identifiziert werden können. Capillaren mit fenestriertem Endothel (*K*) treten dicht an die paraganglionären Zellen heran; 2900×

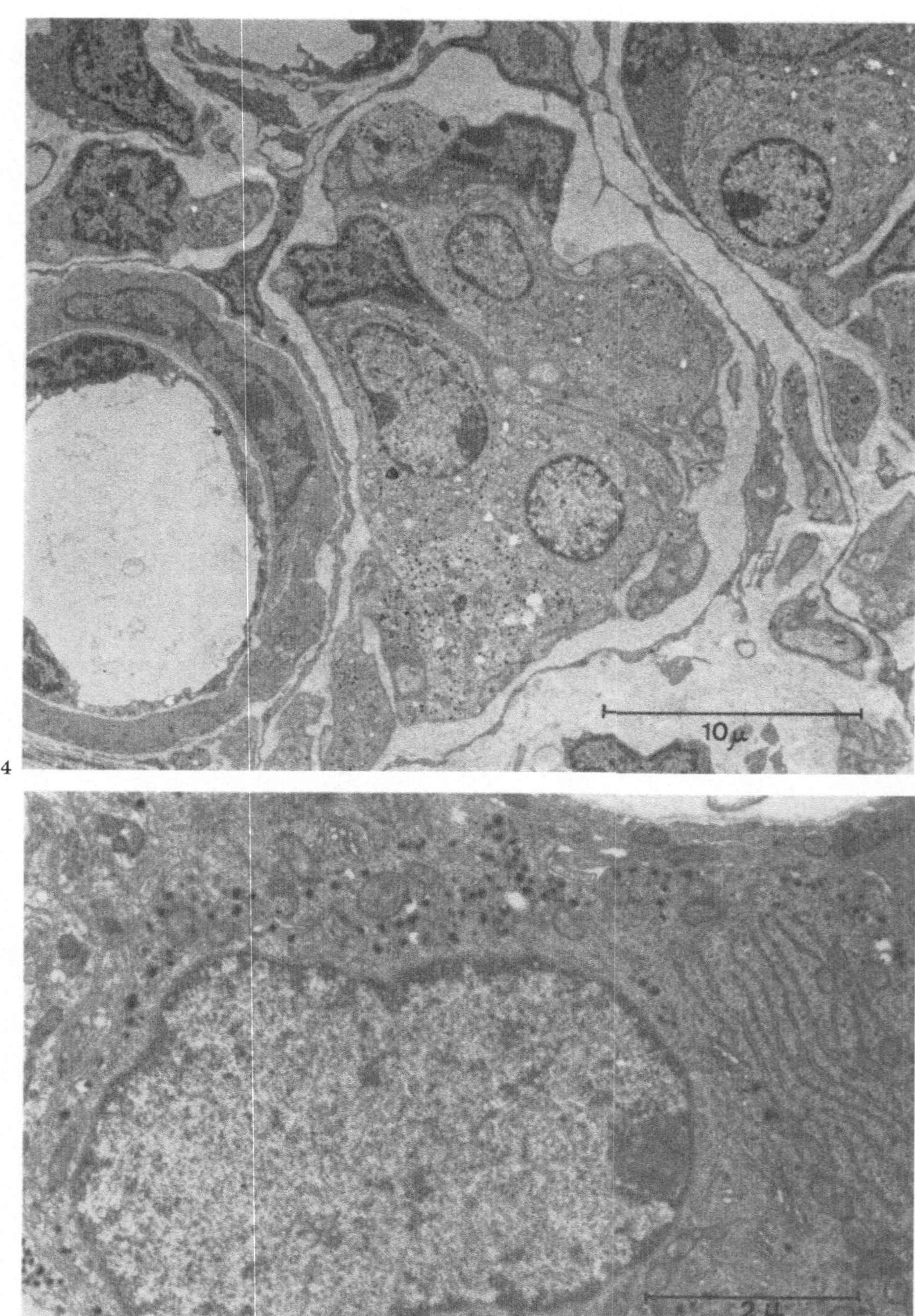

Abb. 14. Die Parenchyminseln des Glomus caroticum bestehen aus chromaffinen Zellen und Stützzellen. Die chromaffinen Zellen sind durch zahlreiche elektronendichte Granula im Cytoplasma gekennzeichnet. Sie werden einzeln oder in Gruppen von dünnen Cytoplasmafortsätzen der Stützzellen umfaßt. Zwischen den Parenchyminseln ziehen lamalläre Fortsätze von Bindegewebszellen, die auch Gefäße als adventitielle Zellen umhüllen (linke Bildhälfte); 3500×

Das Cytoplasma der chromaffinen Zellen ist durch spezifische Speichergranula gekennzeichnet, deren unterschiedlicher Feinbau in einem eigenen Abschnitt beschrieben wird (s. S. 31). Die Granula halten durchschnittlich 1000 Å im Durchmesser (800—1200 Å) und sind mit elektronendichtem Material gefüllt. In den meisten Fällen beobachtet man eine Anreicherung in den Cytoplasmaarealen nahe der Zellmembran oder in Cytoplasmafortsätzen. Nahe der Zelloberfläche können sie in 2—3 Reihen gelegen sein; besitzt eine Zelle in der angeschnittenen Region weniger Granula, liegen diese regelmäßig entlang der Zellgrenze aufgereiht (Abb. 15, 25, 28).

Im Cytoplasma der Glomuszellen sind zahlreiche Mitochondrien vom Crista-Typ regellos verteilt. Nur wenn eine Zelle besonders reichlich Granula enthält, sind die Mitochondrien in Kernnähe gehäuft. Weiters finden sich meist mehrere Golgiareale pro Zellanschnitt, in deren Nähe stets zwei Centriolen oder ein intracelluläres Flimmerhaar mit charakteristischer 9 + 2 Struktur zu finden sind. Die chromaffinen Zellen enthalten kurze Abschnitte von rauhem endoplasmatischen Retikulum. Diese sind besonders in granulaarmen Zellen zu einem geordneten Ergastoplasma zusammengelagert (Abb. 15). Alle Typ I-Zellen sind reich an Ribosomen, die frei im Grundplasma, einzeln oder zu Polyribosomen aggregiert, gefunden werden (Abb. 28).

Nach der Menge der Ribosomen im Grundplasma bzw. nach der Dichte ihrer Anordnung lassen sich helle und dunkle chromaffine Zellen unterscheiden (Abb. 28); Die Form der Speichergranula und die Elektronendichte ihres Inhalts wechselt in den Glomuszellen (s. S. 31). Zwischen stark bespeicherten und kaum bespeicherten Zellen existieren alle Übergangsformen. Eine Typisierung der chromaffinen Zellen nach morphologisch unterscheidbaren Granulagattungen (Morita, Chiocchio und Tramezzani, 1969) ist nicht möglich.

Die Glomuszellen scheinen nur geringe Mengen von Glykogen zu speichern. Dieses wäre zwar bei der verwendeten Präparationstechnik durch die Anwendung von Cacodylatpuffer und die Stückkontrastierung bei saurem pH herausgelöst, doch werden auch die davon resultierenden charakteristisch leeren Cytoplasmaareale nicht beobachtet.

In den Typ I-Zellen findet man weiters unregelmäßig angeordnete Cytoplasmafilamente und Mikrotubuli (Abb. 25, 27). Letztere können in Regionen, wo dünne Cytoplasmafortsätze ausgebildet werden, parallel gelagert und zu einem Bündel geordnet in diese Fortsätze ziehen (Abb. 19). In allen Glomuszellen lassen sich einige Lysosomen oder Lipofuscingranula nachweisen (Abb. 28), ebenso „multivesiculated bodies". Eine Polarität in der Anordnung der beschriebenen Zellorganellen hinsichtlich der Lage der Glomuszellen zu den Capillaren ist nicht nachzuweisen.

In der Regel sind die Oberflächen der chromaffinen Zellen von Cytoplasmafortsätzen der Typ II-Zellen umhüllt (Abb. 16), doch kann diese Hülle auch streckenweise fehlen. Meist setzt sich dann die Basalmembran, welche die Typ II-Zel-

Abb. 15. Im Cytoplasma der chromaffinen Zellen sind die elektronendichten Granula nahe der Zelloberfläche gelegen. Ergastoplasma, Golgifelder und die Mehrzahl der Mitochondrien nehmen die zentralen Areale ein. Im locker strukturierten Kern findet man die Nucleolen meist randständig; 14000×

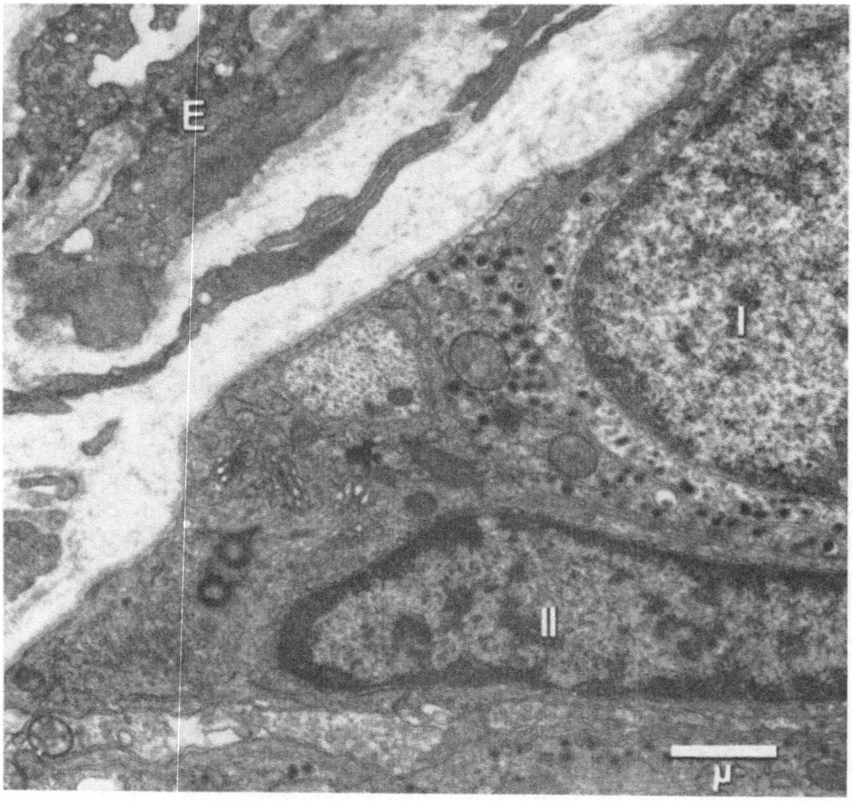

16

17

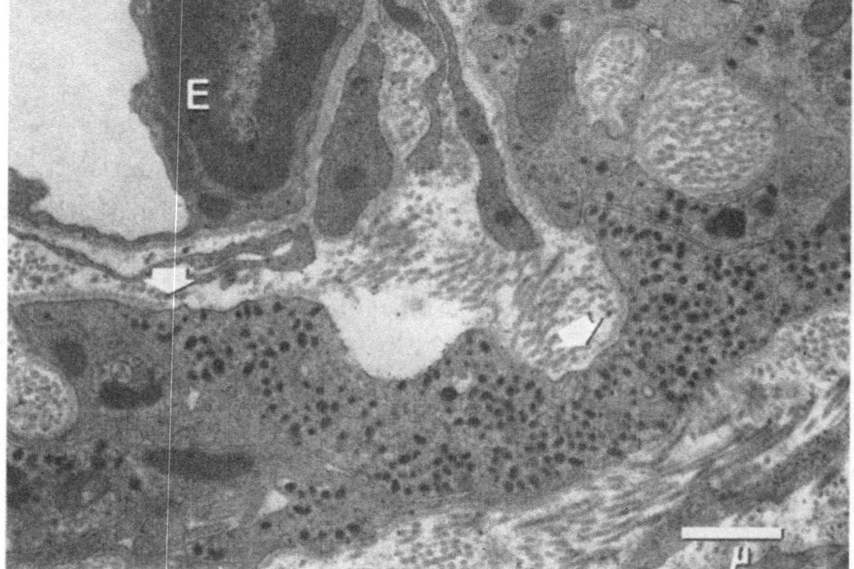

Abb. 16. Chromaffine Zellen (*I*) und Stützzellen (*II*) bilden einen epitheloiden Zellverband Die Zellorganellen der Stützzellen finden sich in der Nähe des Kernes: Golgiareale, Centriolen und kurze Abschnitte von rauhem endoplasmatischen Retikulum. Markfreie Axone sind in Stützzellen wie in Schwannsche Zellen eingelagert. Gegen das Interstitium bilden die Typ II-Zellen eine Basalmembran aus. Zwischen dem Glomusparenchym und dem Gefäßendothel (*E*) liegen lamelläre Fortsätze von Bindegewebszellen; 14000×

len gegen das Interstitium zu ausbilden, ohne Unterbrechung über die Oberfläche der Glomuszellen fort. Es werden aber auch vereinzelt Abschnitte gefunden, in denen die Zellmenbranen der chromaffinen Zellen an das Interstitium grenzen ohne daß eine Basalmembran ausgebildet ist (Abb. 17).

Die Glomuszellen entwickeln meist nur kurze, plumpe Cytoplasmafortsätze (Abb. 13, 18), die dann auch noch von Lamellen der Typ II-Zellen umhüllt sind. Derartige Fortsätze können alle beschriebenen Zellorganellen enthalten. In seltenen Fällen beobachtet man dagegen auch dünnere (Durchmesser 1—2 μm) Cytoplasmafortsätze. Am Abgang dieser dünnen Zellfortsätze finden sich zahlreiche parallel geordnete Mikrotubuli, welche vom Zelleib in die Fortsätze ziehen. Diese Zellfortsätze enthalten ferner nur zahlreiche Vesikel mit elektronendichtem Inhalt, entsprechend den Speichergranula im Zelleib und wenige Mitochondrien.

Es war nicht möglich, durch günstige Schnittführung oder an Schnittserien den weiteren Verlauf derartiger dünner Fortsätze der chromaffinen Zellen zu verfolgen. Nimmt man jedoch den reichen Gehalt an charakteristischen Speichervesikeln als Kennzeichen, so lassen sich auch Anschnitte der Fortsätze identifizieren, die nicht mehr im Zusammenhang mit dem Zelleib getroffen sind. Es gibt aber Profile, in deren Längsrichtung Abschnitte mit dicht gepackten und parallel geordneten Mikrotubuli wechseln mit Abschnitten die zahlreiche Speichergranula enthalten (Abb. 19). Stellt man sich diese Abschnitte jeweils quer getroffen vor, so hätte man die Querschnitte abwechselnd als Axonquerschnitt bzw. Zellfortsatz einer chromaffinen Zelle identifiziert. Die so beschriebenen Zellfortsätze sind auch stets von Cytoplasmalamellen einer Hüllzelle oder einer Schwannschen Zelle umgeben, welche meist noch weitere Axonprofile umscheiden. Daraus wird deutlich, daß die chromaffinen Zellen Fortsätze besitzen, deren Querschnitte unter Umständen nicht von Axonquerschnitten zu unterscheiden sind.

Nimmt man das zahlreiche Auftreten von membranbegrenzten Vesikeln mit einem Durchmesser um 1000 Å und elektronendichtem Inhalt als Kennzeichen für den Fortsatz einer chromaffinen Zelle, so findet man auch Anschnitte von Ausläufern chromaffiner Zellen, die im Bindegewebe des Glomus caroticum frei endigen (Abb. 20). Solche Profile sind von einer z. T. diskontinuierlichen Basalmembran umgeben; ihr Durchmesser beträgt weniger als 0,5 μm, im Cytoplasma sind zahlreiche Speichervesikel erkennbar. Sie besitzen keine Umhüllung durch Cytoplasmalamellen von Schwannschen Zellen oder von Hüllzellen. Es lassen sich auch ähnliche Strukturen finden, die überhaupt keine Basalmembran mehr besitzen und zum größten Teil von Fortsätzen von Bindegewebszellen wie von Schwannschen Zellen umhüllt werden (Abb. 21).

2. *Die spezifischen Speichergranula*

Die spezifischen Speichergranula in den chromaffinen Zellen (Abb. 24) messen 800—1200 Å im Durchmesser. Sie sind von einer dreischichtigen Einheitsmembran begrenzt und enthalten einen Kern von elektronendichtem Material („dense core

Abb. 17. Fortsätze chromaffiner Zellen, die nicht von Stützzellen umhüllt sind, besitzen eine Basalmembran gegen das Interstitium. Diese kann streckenweise fehlen (markiert durch Pfeile). Zwischen dem Glomusparenchym und dem Capillarendothel (*E*) liegen Fortsätze von Bindegewebszellen; 14000 ×

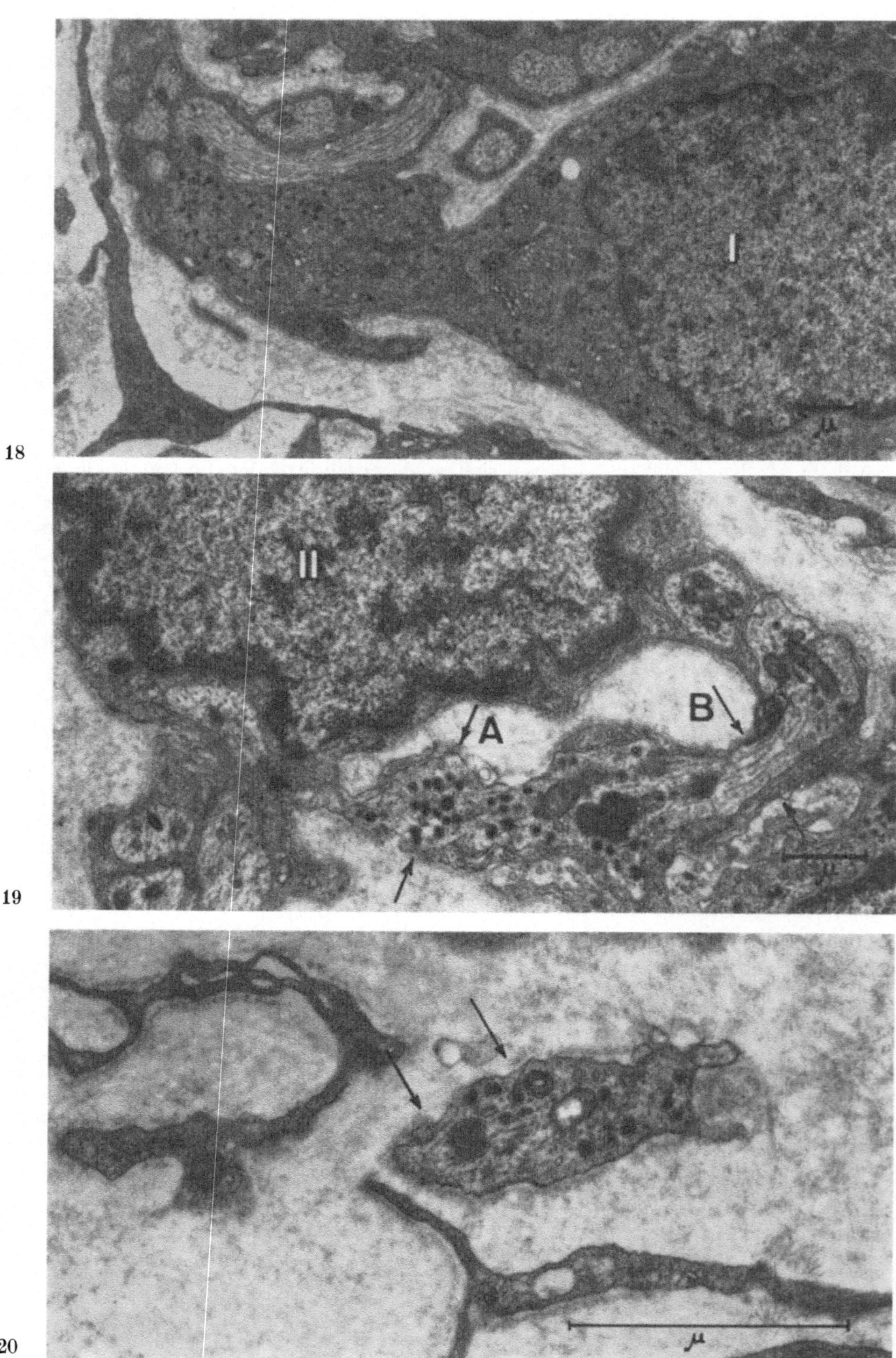

Abb. 18—20

vesicles"). Zwischen der begrenzenden Membran und dem elektronendichten Inhalt befindet sich ein 100—150 Å weiter Spaltraum. Die Form der Granula ist nicht einheitlich. Sie schwankt im Schnittbild zwischen kreisrund und elliptisch. Ebenso ist die Dichte des Inhalts verschieden. Manche Granula sind derart elektronendicht, daß keine weiteren Strukturdetails aufgelöst werden können. Sie erscheinen homogen schwarz. Mit abnehmender Elektronendichte des Inhalts kann eine granuläre Substruktur aufgelöst werden. Er scheint aus 75—100 Å Durchmesser haltenden Körnern oder Bläschen aufgebaut. Manchmal findet man Speichervesikel so dicht aneinander gelegen, daß die äußeren Blätter der begrenzenden Einheitsmenbranen verschmolzen sind (Abb. 24, Pfeil 1).

Neben den Speichergranula, deren Größe im Bereich der angegebenen Extremwerte schwankt, können auch doppelt so große — also zwischen 1600 und 2500 Å messende — Bläschen auftreten. In solchen Fällen ist nur das von der Einheitsmembran begrenzte Vesikel von dieser Dimension. Der Kern aus elektronendichtem Material dagegen ist meist von der Größe wie bei den zuvor beschriebenen Speichergranula, nur in seltenen Fällen geringfügig größer. Der Spaltraum zwischen dem dichten Inhalt und der Membranbegrenzung des Bläschens ist ausgeweitet. Auch bei dieser Gruppe von Vesikeln findet man unterschiedliche Elektronendichte des Inhalts. Es liegt nahe, bei solchen Strukturen Fixierungsartefakte anzunehmen. Doch es ist zu bedenken, daß große und kleine Speicherbläschen (also nach dieser Auffassung schlecht und gut fixierte Vesikel), in einer Zelle nebeneinander gefunden werden können (Abb. 24, Pfeil 2).

Es werden auch Vesikel beobachtet, in welchen der elektronendichte Inhalt in Form zweier Granula angeordnet ist, so als würde der Kern des Bläschens soeben dabei sein, sich zu teilen oder aber zwei Kerne würden verschmelzen (Abb. 24, Pfeil 3). Die Größe der beiden elektronendichten Granula in einem Bläschen muß nicht gleich sein, auch ihre Elektronendichte kann unterschiedlich sein. Die begrenzende Membran zeichnet in ihrer Form die mehr oder weniger bucklige Struktur des elektronendichten Inhalts nach.

Neben diesen Granula findet man gänzlich atypische Strukturen; es handelt sich um membranbegrenzte, sehr unregelmäßig geformte Bläschen (Abb. 24, Pfeil 4). Die geringe Elektronendichte ihres Inhalts läßt kaum noch die Bezeichnung „dense core vesicle" zu. Die Breite des Spaltraumes zwischen Membran

Abb. 18. Plumpe Fortsätze chromaffiner Zellen (*I*) enthalten neben den charakteristischen elektronendichten Granula auch Mitochondrien und Golgiareale; 8000×

Abb. 19. Dünner Cytoplasmafortsatz einer chromaffinen Zelle, der Länge nach geschnitten. Der Fortsatz enthält in einem Abschnitt nur elektronendichte Granula (*A*), im anderen Abschnitt nur Mikrotubuli (*B*); er ist vom Cytoplasma einer Stützzelle (*II*) umhüllt. Ein Querschnitt entsprechend den Pfeilen bei *A* würde als Fortsatz einer chromaffinen Zelle interpretiert werden, ein Querschnitt entsprechend den Pfeilen bei *B* dagegen als Axonquerschnitt; 12000×

Abb. 20. Cytoplasmafortsatz einer chromaffinen Zelle im Interstitium, ohne Umhüllung durch eine Stützzelle. Der Anschnitt enthält elektronendichte Granula und ist bis auf einen kurzen Abschnitt (Pfeile) von einer Basalmembran umgeben. Lamelläre Cytoplasmafortsätze daneben besitzen nur streckenweise Basalmembranen; 40000×

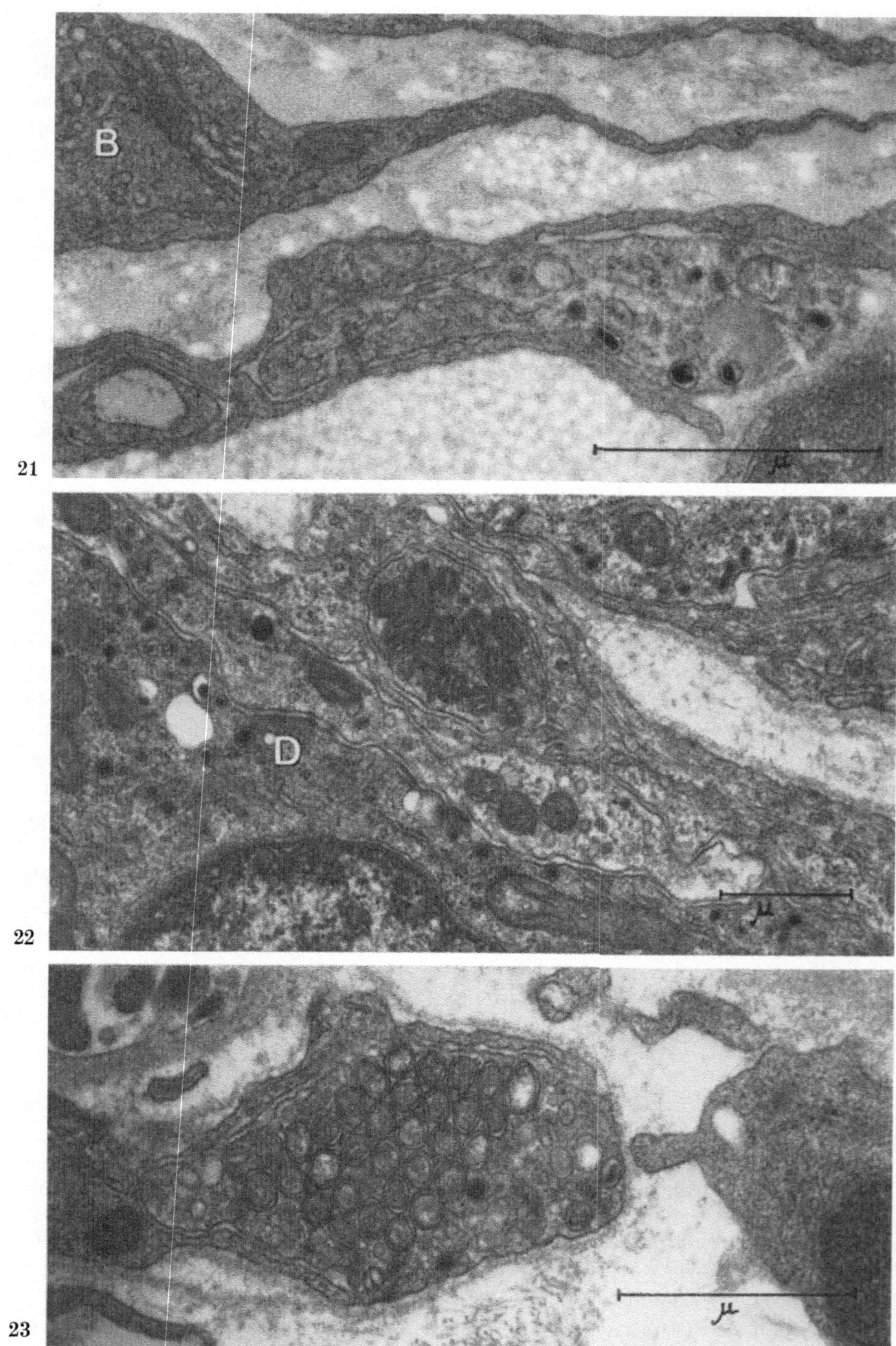

Abb. 21—23

und Inhalt schwankt stark. Ob es sich bei diesen Bläschen um Vorläufer der charakteristisch geformten Speichervesikel handelt, ist nach morphologischen Gesichtspunkten nicht zu entscheiden.

Die chromaffinen Zellen besitzen regelmäßig gut entwickelte Golgiareale (Abb. 15, 18). In den Bläschenfeldern zu seiten der Zisternen lassen sich stets auch einige Vesikel mit elektronendichtem Inhalt nachweisen. Autoradiographische Untersuchungen an der Nebenniere (Moppert, 1966) haben gezeigt, daß die Catecholamin-Speichervesikel in den Golgiarealen gebildet werden. Es ist daher anzunehmen, daß die Speichervesikel der Glomuszellen ebenfalls in den Golgiarealen entstehen.

Enthält eine chromaffine Zelle wenige Speichervesikel, so sind diese im Schnittpräparat nach Art einer Perlenschnur entlang der Zellmembran geordnet (Abb. 25). In seltenen Fällen lassen sich Stadien nachweisen, wo die äußere Lamelle der das Speichervesikel begrenzenden Einheitsmembran mit der inneren Lamelle der Zellmembran verschmolzen ist (Abb. 26, 27). Der nächste Schritt der Ausschleusung des Granulainhalts ist die Einbeziehung der das Granulum begrenzenden Membran in die Zellmembran, wodurch der gesamte Inhalt des Speicherbläschens extracellulär zu liegen kommt.

3. *Die Stützzellen (Hüllzellen, Typ II-Zellen)*

Die Bezeichnungen Stützzellen, Hüllzellen und Typ II-Zellen werden im folgenden synonym verwendet.

Die Hüllzellen unterscheiden sich von den chromaffinen Zellen durch ihren kleineren, längsovalen Kern, der dichtere Chromatinstruktur aufweist. Die Chromatinverdichtungen an der Kernwand sind deutlicher ausgeprägt, Nucleolen sind seltener zu beobachten (Abb. 13, 14).

Das Cytoplasma der Hüllzellen umgreift in Form lamellärer Fortsätze eine oder mehrere chromaffine Zellen (Abb. 14, 16). Die Hüllzellen bilden Basalmembranen gegen das Interstitium aus. Die Zellorganellen sind in der Nähe des Kernes gelegen (Abb. 16). Hier liegen vor allem Golgiareale, regelmäßig auch Centriolen oder ein intracelluläres Flimmerhaar und wenige Mitochondrien vom Cri-

Abb. 21. Cytoplasmaanschnitt mit membranbegrenzten, elektronendichten Granula, wie sie in chromaffinen Zellen gefunden werden. Der Zellfortsatz steht in enger Beziehung zu Cytoplasmalamellen von Bindegewebszellen und besitzt keine Basalmembran. Im Cytoplasma einer Bindegewebszelle (*B*) ist ein gut entwickeltes Golgiareal angeschnitten; 40000×

Abb. 22. Synaptische Endformation an einer chromaffinen Zelle. Die Axonendigung liegt der gebuckelten Oberfläche der chromaffinen Zelle dicht an, einige desmosomenartige Strukturen (*D*) sind ausgebildet. In der Axonendigung Mitochondrien und wenige synaptische Bläschen (vgl. Abb. 49). Ein zweites Axon mit zahlreichen Mitochondrien ist quer geschnitten; 18000×

Abb. 23. Axonendigung im Interstitium mit zahlreichen kleinen, dicht aneinandergelagerten Mitochondrien. Die Axonendigung ist zur einen Hälfte von Cytoplasma einer Schwannschen Zelle umhüllt, zur anderen Hälfte von einer Basalmembran bedeckt. Neben den auffallenden Mitochondrien findet man menbranbegrenzte Bläschen, zum Teil mit elektronendichtem Inhalt; 33000×

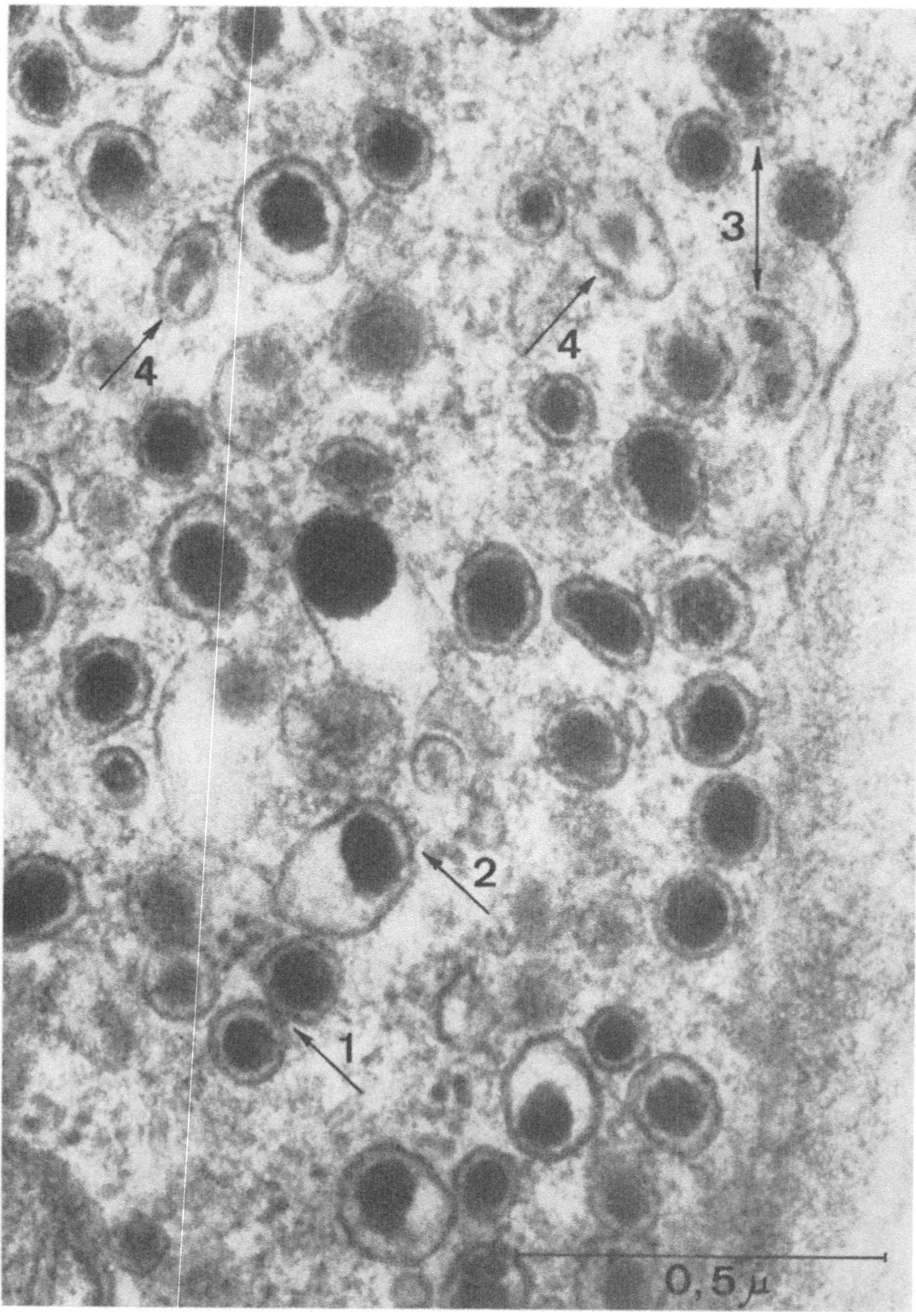

Abb. 24. Membranbegrenzte Speichergranula in einer chromaffinen Zelle. Die Vesikel weisen unterschiedliche Form und Elektronendichte des Inhalts auf. *1* Die begrenzende Einheitsmembran zweier sphärischer Bläschen ist verschmolzen; *2* Bläschen mit weitem Spaltraum zwischen elektronendichtem Inhalt und Membran, unmittelbar neben Bläschen, bei denen dieser Spaltraum eng ist (Pfeil 1); *3* Vesikel mit mehreren, gleich oder unterschiedlich großen Granula; *4* Atypische Vesikel; 100000×

sta-Typ. Die Typ II-Zellen besitzen nur kurze Abschnitte von rauhem endoplasmatischen Reticulum. Im Grundplasma findet man wenige freie Ribosomen.

Der dichte Aspekt des Cytoplasmas der Stützzellen wird durch Netze von Plasmafilamenten verursacht, die vor allem in den lamellären Ausläufern dicht gepackt und annähernd parallel zur Oberfläche orientiert liegen. Dazwischen findet man wenige Mikrotubuli. An der Zelloberfläche der Hüllzellen sind regionäre Verdichtungszonen des Cytoplasmas nachzuweisen. Die Hüllzellen enthalten niemals Catecholaminspeichergranula.

Die Typ II-Zellen entsprechen morphologisch Schwannschen Zellen. Neben den chromaffinen Zellen umhüllen sie markfreie Axone unterschiedlichen Kalibers, die unter Ausbildung von Mesaxonen und periaxonalen Räumen in die Hüllzellen eingelagert sind (Abb. 16, 28). Der gleichmäßig breite Spaltraum zwischen Axonen und Zellmembranen der Hüllzellen mißt wie der Spaltraum zwischen Hüllzellen und chromaffinen Zellen etwa 250 Å.

4. Die Nervenbeziehungen der chromaffinen Zellen

Markfreie Axone ziehen umhüllt von Cytoplasma der Stützzellen an die Oberflächen der Glomuszellen heran. Ihr Durchmesser schwankt um 1 μm. An Querschnitten erkennt man zahlreiche Neurotubuli und Neurofilamente sowie wenige Mitochondrien (Abb. 16, 28).

Ein Teil dieser Axone bildet an der Oberfläche der chromaffinen Zellen synaptische Kontakte aus (Abb. 22, 49). Eine terminale Axonanschwellung enthält mehrere Mitochondrien und zahlreiche membranbegrenzte Vesikel ohne elektronendichten Inhalt mit einem Durchmesser um 500 Å („synaptische Bläschen"). Daneben kommen wenige Vesikel mit elektronendichtem Inhalt vor, deren Durchmesser jedoch doppelt so groß ist. Zwischen der Axonanschwellung und den Zellmembranen der chromaffinen Zellen ist eine oder sind mehrere desmosomenartige Strukturen ausgebildet. Der synaptische Spaltraum mißt um 250 Å. Besondere Cytoplasmadifferenzierungen auf der Seite der chromaffinen Zelle sind nicht ausgebildet. An einer chromaffinen Zelle können mehrere synaptische Endigungen gefunden werden(Abb. 49). Häufig sind Ausstülpungen der synaptischen Axonauftreibung zapfenförmig in die chromaffine Zelle verzahnt (Abb. 49).

Andere Axone ziehen über weite Strecken entlang der Oberfläche der chromaffinen Zellen: Das in Abb. 28 dargestellte Axon über eine Strecke von ungefähr 26 μm. Die Axonoberfläche, die dabei der Glomuszelle zugewandt ist, weist häufig Faltungen auf, oft sind am Schnitt auch Einstülpungen der chromaffinen Zellen durch kurze fingerförmige Fortsätze des Axons erkennbar. Das Axolemm ist an der Glomuszelle durch mehrere desmosomenartige Strukturen fixiert. Im Axoplasma finden sich Neurotubuli, einige Mitochondrien und wenige Vesikel nach Art synaptischer Bläschen. Die Anzahl der letzteren ist jedoch nie so groß wie in den als Synapsen beschriebenen Axonauftreibungen. An der Axonmembran sind mehrfach mit Akanthosomen besetzte Pinocytosevesikel darstellbar. Die im Anschnitt gemessene Dicke solcher Axone schwankt in ihrem Verlauf entlang der Oberfläche der chromaffinen Zellen zwischen 2 und 0,5 μm.

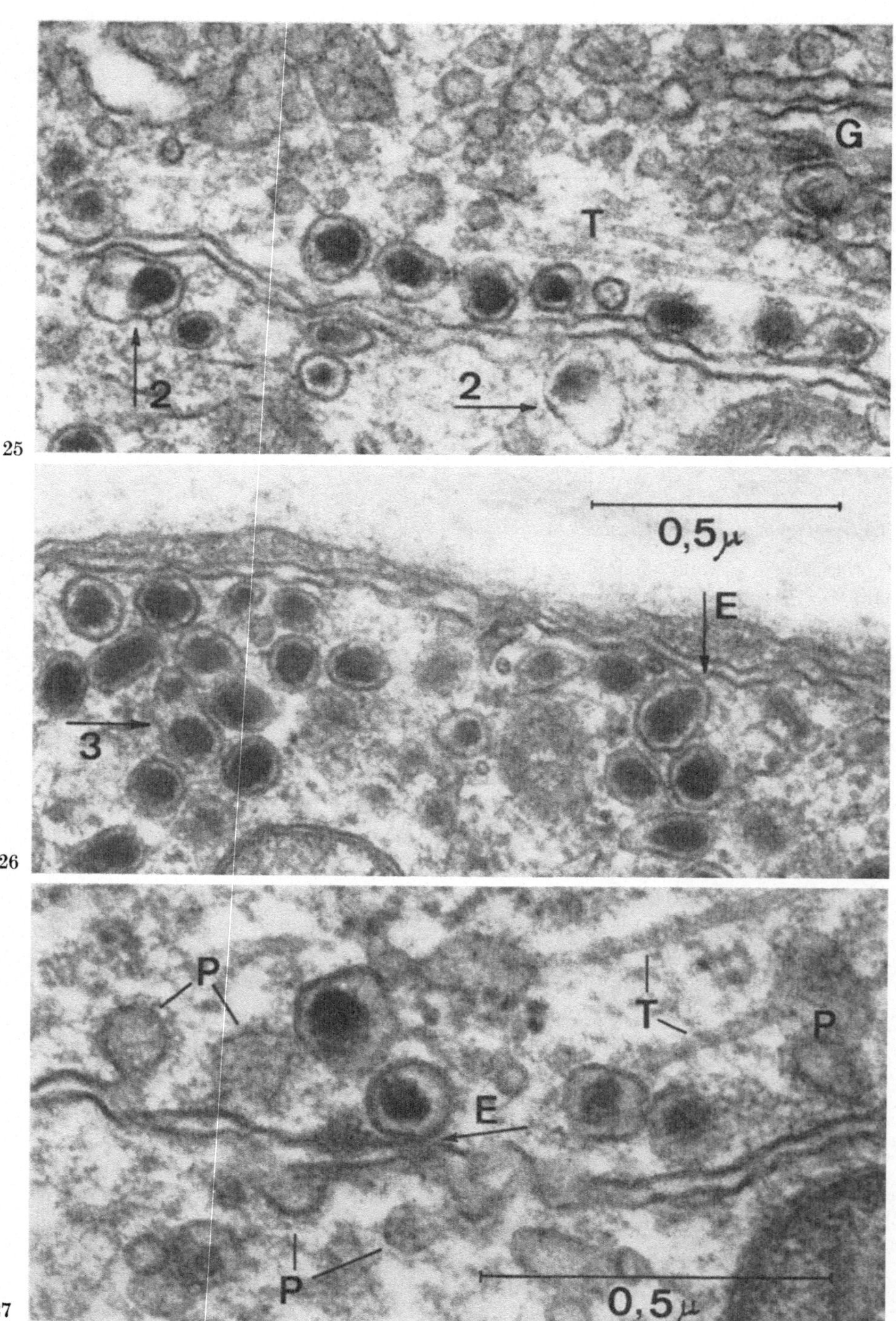

Abb. 25—27

B. *Die Nerven des Glomus caroticum*

1. *Nerven mit Perineurium*

Größere Nervenstämme im Interstitium des Glomus caroticum (Durchmesser 25—30 μm) besitzen eine Hülle aus 2—3 Lamellen perineuraler Zellen (Abb. 29). Diese Cytoplasmalamellen sind 0,2—0,5 μm dick und in seltenen Fällen verzweigt. Sie sind untereinander durch desmosomenartige Verbindungen zusammengehalten. Die Cytoplasmalamellen des Perineuriums bilden an beiden Oberflächen Basalmembranen aus. Zwischen den einzelnen Lamellen findet man Kollagenfibrillen, doch können die Lamellen während ihres Verlaufes auch so dicht aneinander treten, daß es zur Verschmelzung der Basalmembranen kommt. Charakteristischerweise zeigen die Oberflächen der perineuralen Zellen einen dichten Besatz mit glattwandigen Bläschen.

Im Endoneuralraum größerer Nerven befinden sich zahlreiche Nervenfasern. Myelinisierte Fasern enthalten nur 1 Axon, markfreie Fasern sind polyaxonal. Der Durchmesser der myelinisierten Axone schwankt zwischen 2,5 und 3,5 μm, die Dicke der Myelinscheide beträgt weniger als 0,25 μm. Im Axoplasma findet man regellos angeordnet Neurotubuli und Neurofilamente sowie wenige Mitochondrien. Unter der Voraussetzung, daß diese myelinisierten Axone in das Glomusparenchym ziehen, muß postuliert werden, daß ihre Markscheide während des Verlaufes in einem von Perineurium umhüllten Nerven endigt; denn es können im Glomus caroticum keine myelinisierten Nervenfasern beobachtet werden, die ohne perineurale Hülle verlaufen, und alle in Typ II-Zellen des Glomusparenchyms gelegenen Achsencylinder sind bereits markfrei.

In einem Fall konnte eine besondere Struktur beobachtet werden (Abb. 29). Es handelt sich um ein markfreies Axon, das vom Cytoplasma einer Schwannschen Zelle umhüllt ist. Um diese markfreie Faser liegt eine weitere geschlossene Hülle aus Cytoplasma einer Schwannschen Zelle, die die zentral gelegene markfreie Faser nirgends berührt und die eine Markscheide ausgebildet hat. Die peripher gelegene Schwannsche Zelle besitzt außen eine Basalmembran, innen dagegen nicht; eine inneres und ein äußeres Mesaxon zur Myelinstruktur sind nachweisbar. Die zentral gelegene markfreie Nervenfaser ist von einer Basalmembran umgeben.

Der Durchmesser der markfreien Axone schwankt von 0,5—4 μm. Die Axone sind in das Cytoplasma der Schwannschen Zelle unter Ausbildung eines Mes-

Abb. 25. Häufig sind die Speichergranula mit elektronendichtem Inhalt an der Zellmembran der chromaffinen Zellen aufgereiht. Diese enge Beziehung zur Zellmembran ist auch bei Bläschen mit weitem Spaltraum zwischen der begrenzenden Membran und dem elektronendichten Inhalt zu beobachten (*2*). *T* Mikrotubuli, *G* Golgiareal; 70000×

Abb. 26. Unterschiedlich geformte Vesikel mit elektronendichtem Inhalt in peripheren Cytoplasmaarealen einer chromaffinen Zelle. Eines der Bläschen (*3*) enthält zwei Kerne. Bei *E* ist das äußere Blatt der Einheitsmembran des Bläschens mit dem inneren Blatt der Zellmembran in einem Punkt verschmolzen; 70000×

Abb. 27. Verschmelzung der Einheitsmembran eines Speichervesikels mit der Zellmembran (*E*) wie in Abb. 26. An der Zelloberfläche zahlreiche mit Acanthosomen besetzte Pinocytosebläschen (*P*). *T* Mikrotubuli; 100000×

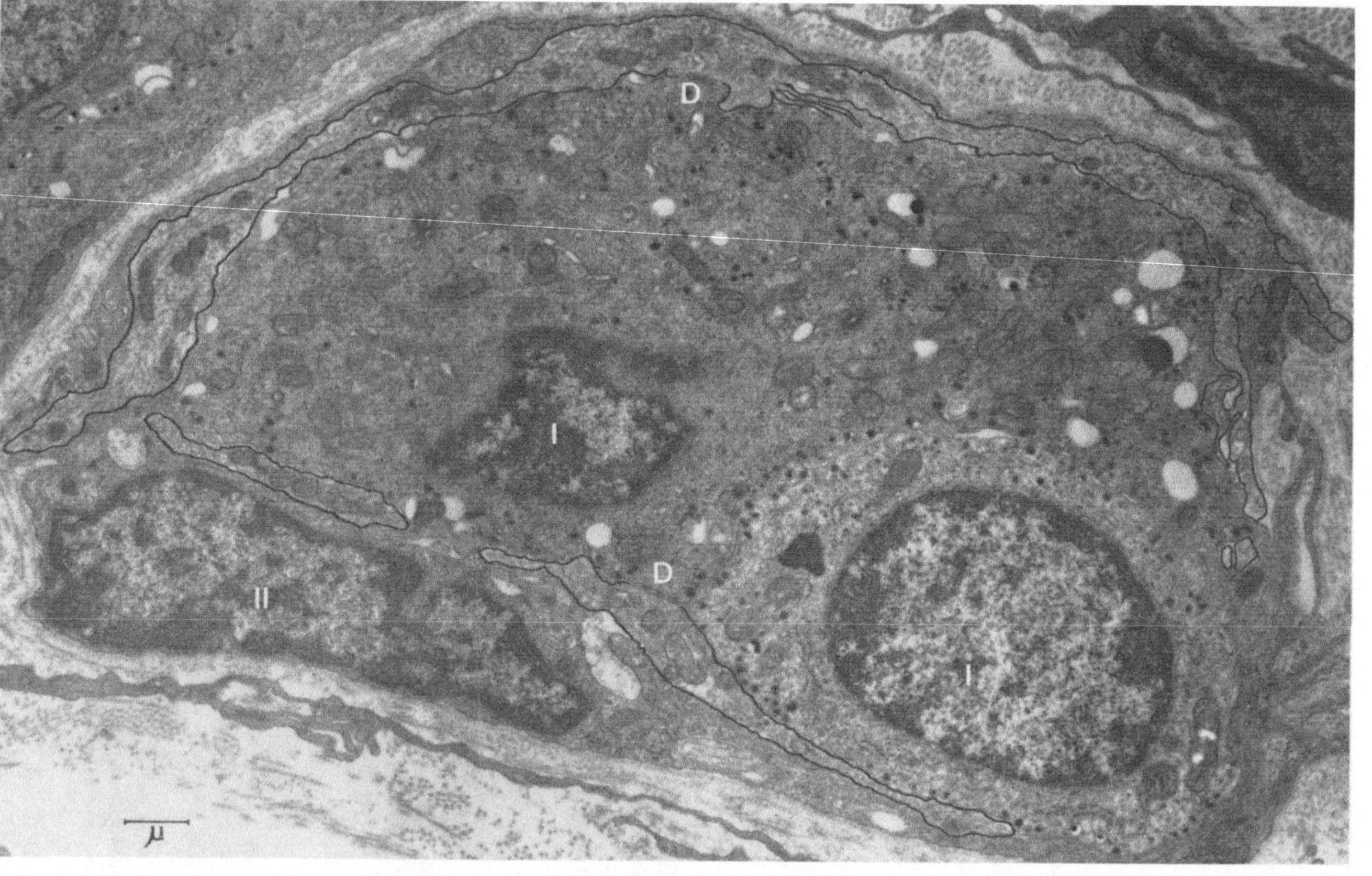

Abb. 28. Zwei chromaffine Zellen (*I*), eine „hell“ und eine „dunkel“ wirkend, stehend über weite Strecken ihrer Oberflächen mit Axonen in Kontakt. Die Axone enthalten Neurotubuli und Mitochondrien, sie sind durch desmosomenartige Bildungen (*D*) an den chromaffinen Zellen fixiert. Cytoplasmafortsätze einer Stützzelle (*II*) umgeben Axonanschnitte und chromaffine Zellen; 10000×

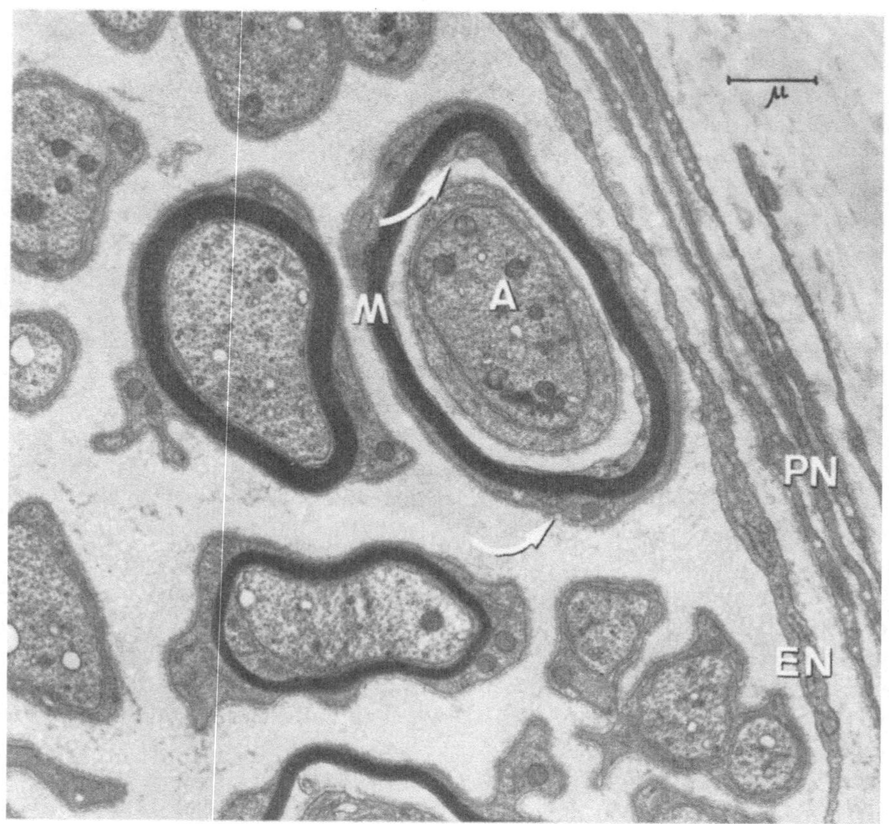

Abb. 29. Eine markfreie Nervenfaser (*A*) wird von einer Schwannschen Zelle umhüllt, die zahlreiche Myelinlamellen ausgebildet hat (*M*). Die Pfeile bezeichnen die zu dieser Myelinscheide führenden inneren und äußeren „Mesaxone". Einige Schwannsche Zellen lassen am Querschnitt fingerförmige Cytoplasmafortsätze erkennen. *EN* Endoneuralzelle, *PN* Perineurium; 12000×

axons eingesenkt; nur selten findet man auch zwei Axone, die ein gemeinsames Mesaxon besitzen. Besonders dünne Achsenzylinder können in oberflächlichen Einbuchtungen der Schwannschen Zellen gelegen sein. Sie sind dann an der zum Endoneuralraum gelegenen Oberfläche von einer Basalmembran überzogen, die sich kontinuierlich in die Basalmembran der Schwannschen Zelle fortsetzt. Auch im Axoplasma der markfreien Axone sind Neurotubuli und Neurofilamente regellos angeordnet. Die Anzahl der Neurotubuli scheint zu überwiegen. Während des Verlaufes der markfreien Axone im Endoneuralraum werden keine Anschwellungen beobachtet, die Mitochondrien oder Anhäufungen von Speichervesikel für Transmittersubstanzen enthalten.

Die Schwannschen Zellen weichen häufig von runden oder ovalen Querschnitten ab und bilden fingerförmige Fortsätze, die auch verzweigt sein können (Abb. 29). Derartige Bildungen sind um so häufiger, je kleiner der Durchmesser des angeschnittenen Nerven ist.

Im Endoneuralraum findet man Bündel von Kollagenfibrillen und vereinzelt Endoneuralzellen (Fibrocyten, Fibroblasten) (Abb. 29). Diese bilden z. T. verzweigte lamelläre Cytoplasmafortsätze aus, die häufig parallel zur inneren Oberfläche des Perineuriums verlaufen (Abb. 29).

Mit der Verzweigung der Nerven und der Abnahme ihres Durchmessers wird auch die Anzahl der Lamellen des Perineuriums geringer. Kleinste Nerven sind nur noch von einem einschichtigen Perineurium umgeben. In der Nähe der Endigungen des Perineuriums wird dessen Schichtung lockerer. Es treten immer häufiger Cytoplasmalamellen auf, deren Basalmembranen nicht mehr durchgehend ausgebildet sind und über immer längere Strecken fehlen. In solchen Arealen wird auch der Besatz mit Oberflächenbläschen unregelmäßig und verschwindet schließlich ganz. Ob diese beiden Phänomene zuerst an inneren, äußeren oder mittleren Lamellen auftreten, ist an keine Regel gebunden.

Besitzt eine Nervenfaser nur noch eine einzige Cytoplasmalamelle von Perineurium, so beobachtet man an Querschnitten solcher Fasern, daß das Perineurium kurz vor der Endigung an der dem Endoneuralraum zugekehrten Oberfläche die Basalmembran verliert (vgl. Cauna, 1969). Die Basalmembran wird zuerst diskontinuierlich, später ist sie überhaupt nicht mehr nachzuweisen.

Ist die Endigung des Perineuriums einer Nervenfaser im Längsschnitt dargestellt, ist die Diskontinuität des Basalmembransystems in den Endabschnitten der perineuralen Zellen besonders gut zu beobachten. Die Perineuralzellen verlieren in den Endabschnitten die Basalmembranen völlig und sind dann nicht mehr von Fibroblasten — oder Fibrocytenfortsätzen zu unterscheiden (vgl. Abb. 20).

2. *Das Vehalten des Perineuriums zum Glomusparenchym*

Die zuvor beschriebenen Endabschnitte des Perineuriums sind meist identisch mit den Strecken der Perineuralhülle, welche bereits eine Parenchyminsel im Glomus caroticum bedecken: Die Nerven treten an einen Ballen von Glomuszellen heran und das Perineurium sezt sich über die Glomuszellinsel fort. Da die Perineuriumzellen dabei ihre Basalmembranen verlieren und in inniger Beziehung zu parallel verlaufenden, lamellären Cytoplasmafortsätzen von Fibrocyten stehen, ist eine genaue Differenzierung des Hüllgewebes um die Glomuszellhaufen oft nicht möglich. Nur einzelne Zellen sind als Perineurium zu erkennen (Abb. 13).

Die Parenchyminseln sind von mehreren Lagen lamellärer Zellen umgeben, z. T. von Fibrocyten, z. T. von Perineurium. Man findet hier nur vereinzelt rudimentäre Basalmenbranabschnitte. Diese Cytoplasmalamellen können sich streckenweise auf 200—300 Å nähern, ohne spezialisierte Membrankontakte auszubilden. Nur sehr selten sind desmosomenartige Verbindungen nachzuweisen.

Stellt man sich eine etwa kugelförmige Insel von Glomuszellen vor und nimmt an, daß an einem Pol der Nerv herantritt, so wird die diesem Pol gegenüberliegende Halbkugel von den Capillaren erreicht (Abb. 13). Das zuvor beschriebene Hüllgewebe um den Glomuszellhaufen, das nach der einen Seite hin mit dem Perineurium zusammenhängt, wird nach der anderen Seite hin lockerer und zweigt sich in die adventitiellen Bindegewebszellen der Gefäße auf.

Manchmal beobachtet man, daß Inseln von Glomusparenchym in den Endoneuralraum größerer Nerven eingelagert sind. Dies ist daran zu erkennen, daß das Perineurium und Bündel markfreier Axone an den Glomuszellen vorbei ziehen.

Auch in solchen Fällen werden dünnwandige Capillaren mit fenestriertem Endothel bei den chromaffinen Zellen gefunden. Bei der zuvor beschriebenen Situation, in der ein Nerv an eine Parenchyminsel des Glomus caroticum herantritt, endigt der Endoneuralraum mit der Endigung einer definierten perineuralen Hülle.

3. *Nervenfasern ohne Perineurium*

Im Bindegewebe zwischen den Parenchyminseln des Glomus caroticum sind zahlreiche markfreie Nervenfasern gelegen. Sie ziehen als polyaxonale Fasern, der Durchmesser der Achsenzylinder liegt zwischen 0,3 und 3 μm. Sie zeigen keine morphologischen Besonderheiten. Verzweigungen der Schwannschen Zellen konnten beobachtet werden, während Verzweigungen von Axonen in solchen Nervenfasern nicht direkt dargestellt werden konnten. Sie sind jedoch als sehr wahrscheinlich anzunehmen.

Axone in perineuriumfreien Nerven können Auftreibungen zeigen, die dicht gepackt auffallend schlanke Mitochondrien enthalten, deren Durchmesser zwischen 0,15 und 0,2 μm beträgt (Abb. 23). In der dichten Matrix einiger dieser Mitochondrien lassen sich eine längsgestellte Crista oder Tubuli erkennen. Neben solchen auffallenden Mitochondrien enthält das Axoplasma einige Bläschen nach Art synaptischer Vesikel und Bläschen mit elektronendichtem Inhalt mit einem Durchmesser um 800 Å. Die Axonanschwellung ist vom Cytoplasma der Schwannschen Zelle nicht zur Gänze bedeckt. An den freien Arealen besitzt sie eine Basalmembran, die sich in die Basalmembran der Schwannschen Zelle fortsetzt.

Als Nervenfasern ohne Perineurium sind weiters die Gefäßnerven zu erwähnen. Diese werden in einem eigenen Abschnitt auf S. 48 beschrieben.

C. Die Gefäße des Glomus caroticum

1. *Arteriolen*

Im Gebiet des Glomus caroticum zeigen die arteriellen Gefäßabschnitte nur noch eine Lage zirkulär verlaufender glatter Muskulatur und werden daher als Arteriolen bezeichnet. Die Gefäße haben einen Durchmesser von 12—25 μm und zeigen charakteristisch dreischichtigen Wandaufbau (Abb. 33, 34). Pro Querschnitt sind meist 2—4 Endothelzellen getroffen. Die Endothelzellen besitzen einen dicht strukturierten, chromatinreichen Zellkern, die Zellorganellen liegen in Nähe des Kernes. Im lamellären Cytoplasma findet man nur wenige membranbegrenzte Bläschen oder mit Akanthosomen besetzte Pinocytosebläschen. Die zur Membrana elastica interna grenzende Zelloberfläche ist mit glattwandigen Bläschen dicht besetzt, nicht dagegen die lumenseitige Oberfläche. Die Endothelzellen sind untereinander durch desmosomenartige Verbindungen zusammengehalten. An den Stellen solcher Zellkontakte kann eine der Endothelzellen einen Cytoplasmafortsatz ausbilden, der über das Kontaktareal geschlagen ist (Abb. 45).

Unter dem Endothel ist eine dünne Lamina elastica interna ausgebildet, die z.T. mit der Basalmembran der Endothelzellen verschmolzen ist. Sehr häufig findet man Stellen, wo Cytoplasmafortsätze der Endothelzellen die Basalmembran verlieren, die elastische Lamelle durchbrechen und die Zelloberflächen der glatten Muskelzellen in der Tunica media erreichen (Abb. 30). Die Basalmembranen der Muskelzellen können sich an solchen Kontaktstellen in die Basalmembranen der

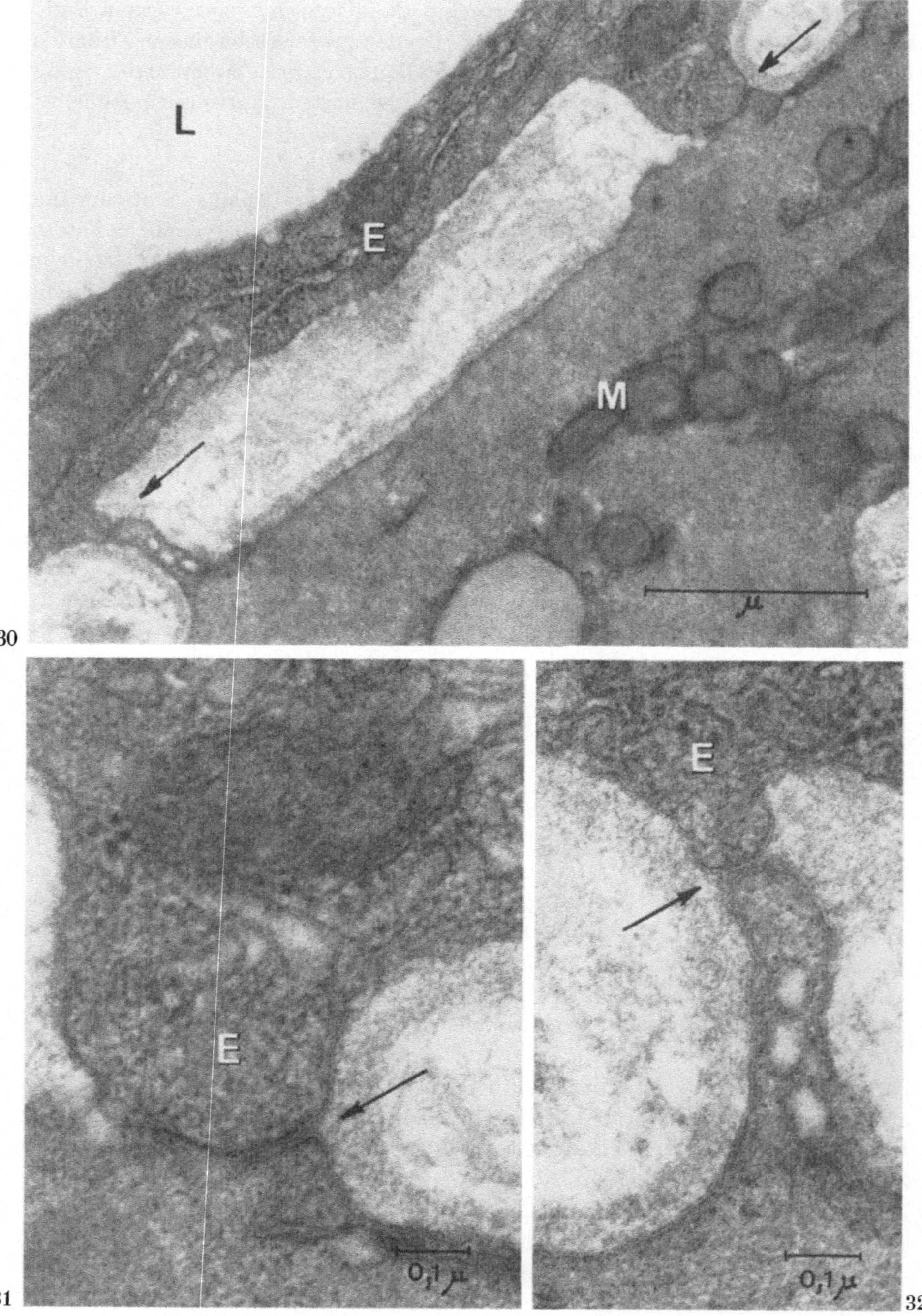

Abb. 30. Wand einer Arteriole. Die Endothelzellen (*E*) bilden finger- oder zapfenförmige Fortsätze aus, die die glatten Muskelzellen der Tunica media erreichen (Pfeile); 30000×

Abb. 31 u. 32. An den in Abb. 30 gezeigten Kontaktstellen zwischen Endothelzellen und glatter Muskulatur können Membranverschmelzungen beobachtet werden; 100000×

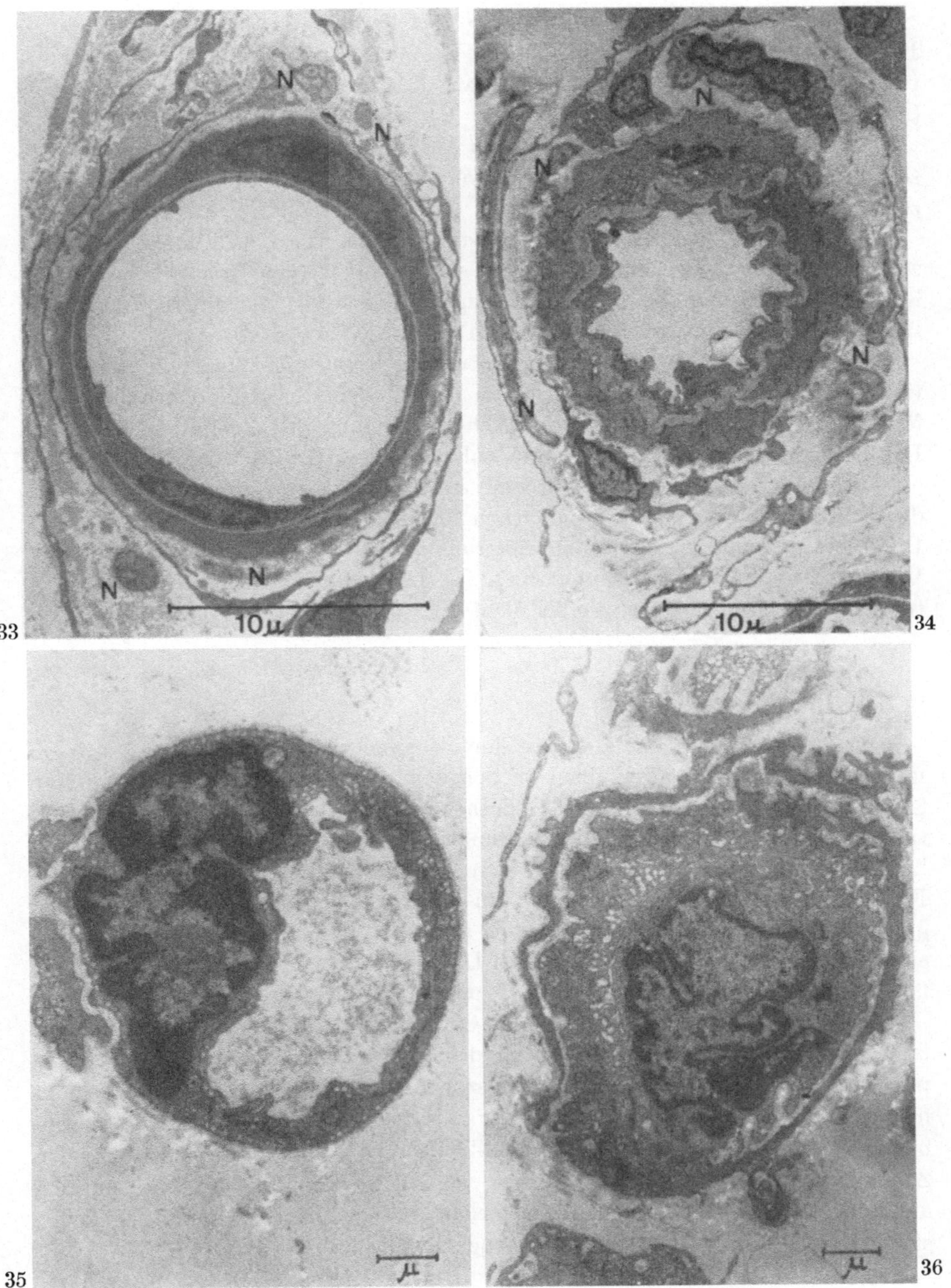

33 34 35 36

Abb. 33. Weit gestellte Arteriole, in deren Adventitia zahlreiche Gefäßnerven angeschnitten sind (N); 3500×

Abb. 34. Bei kontrahierten Arteriolen ist der Querschnitt des Gefäßlumens bis auf ein Viertel eingeengt; 2700×

Abb. 35. Capillare aus dem Bindegewebe in der Nähe des Glomus caroticum, teilweise kontrahiert. Das Endothel ist nicht fenestriert; 8000×

Abb. 36. Capillare aus dem Bindegewebe um das Glomus caroticum, maximal kontrahiert. Der Kern der Endothelzelle zeigt tiefe Einschnürungen; 7500×

Endothelzellen umschlagen (Abb. 32). Die Zellmembranen der Fortsätze von Endothelzellen und der Muskelzellen sind an diesen Kontaktstellen verschmolzen (Abb. 31, 32).

Die glatte Muskulatur der mittleren Wandschichte zeigt keine morphologischen Besonderheiten. Meist sind an einem Querschnitt des Gefäßes zwei Muskelzellen zu erkennen.

Die Adventitia der Arteriolen wird von zwei bis drei Lagen lamellärer Fortsätze von Fibrocyten gebildet, zwischen denen Bündel von Kollagenfibrillen gelegen sind. Zwischen den Cytoplasmalamellen der adventitiellen Zellen befinden sich zahlreiche Gefäßnerven (Abb. 33, 34).

Vergleicht man Querschnitte von kontrahierten und nicht kontrahierten Arteriolen (Abb. 33, 34), so kann man erkennen, daß allein durch die Kontraktion der Muskulatur der Media eine beträchtliche Einengung des Gefäßlumens erfolgt. Der Durchmesser der Arteriole kann nahezu auf die Hälfte verkleinert werden (in Abb. 33 und 34 beträgt der Durchmesser 12 bzw. 7 μm) und der Querschnitt damit auf ein Viertel der ursprünglichen Fläche. Es soll betont werden, daß der Durchmesser einer kontrahierten Arteriole bereits in der Größenordnung des Durchmessers eines Erythrocyten liegt. Die Lamina elastica interna ist bei kontrahierten Arteriolen dicker als bei nicht kontrahierten.

2. *Capillaren*

Die dünnwandigen Capillaren des Glomusparenchyms (Abb. 13) sind 5—10 μm weit. Das Endothel ist vor allem an den dem Glomusparenchym zugewandten Seiten gefenstert. Die Kerne der Endothelzellen weisen dichte Chromatinstruktur auf, die Zellorganellen liegen in Kernnähe. In den Bereichen der Fenestrierung hat das Cytoplasma nur eine Dicke von weniger als 0,1 μm (Abb. 37, 38). Die Fenestrae zeigen einen Durchmesser um 600 Å; sie sind durch ein Diaphragma geschlossen, das zentral eine Verdickung aufweisen kann. Die Capillaren besitzen eine geschlossene Basalmembran, deren Dicke etwa 500 Å beträgt. In ihrer Nähe findet man vereinzelt Kollagenfibrillen und Mikrofibrillen (Abb. 38).

Um die Capillaren liegen wie um alle Gefäße 1—2 Lagen parallel verlaufender lamellärer Cytoplasmafortsätze von Bindegewebszellen, die sich häufig überlappen (Abb. 37). In diesen Überlappungszonen verlaufen die Zellfortsätze dicht nebeneinander (100—200 Å Distanz), nur in seltenen Fällen sind kleine, desmosomenartige Areale angedeutet (Abb. 38, 42). Die Anordnung dieser adventitiellen Zellamellen ist derart, daß der Eindruck entsteht, sie könnten zusammen mit den auf S. 42 beschriebenen adventitiellen Zellen des Glomusparenchyms eine Diffusionsschranke zwischen Gefäßsystem und Glomusparenchym bilden.

Abb. 37. Capillare am Glomusparenchym mit fenestriertem Endothel (*E*). Zwischen der Capillare und dem Parenchym liegen zahlreiche, parallel verlaufende Cytoplasmalamellen von Bindegewebszellen. *K* Kollagenfibrillen. Die Dicke der Basalmembran des Gefäßes ist durch einen queren Strich gekennzeichnet; 35000 ×

37

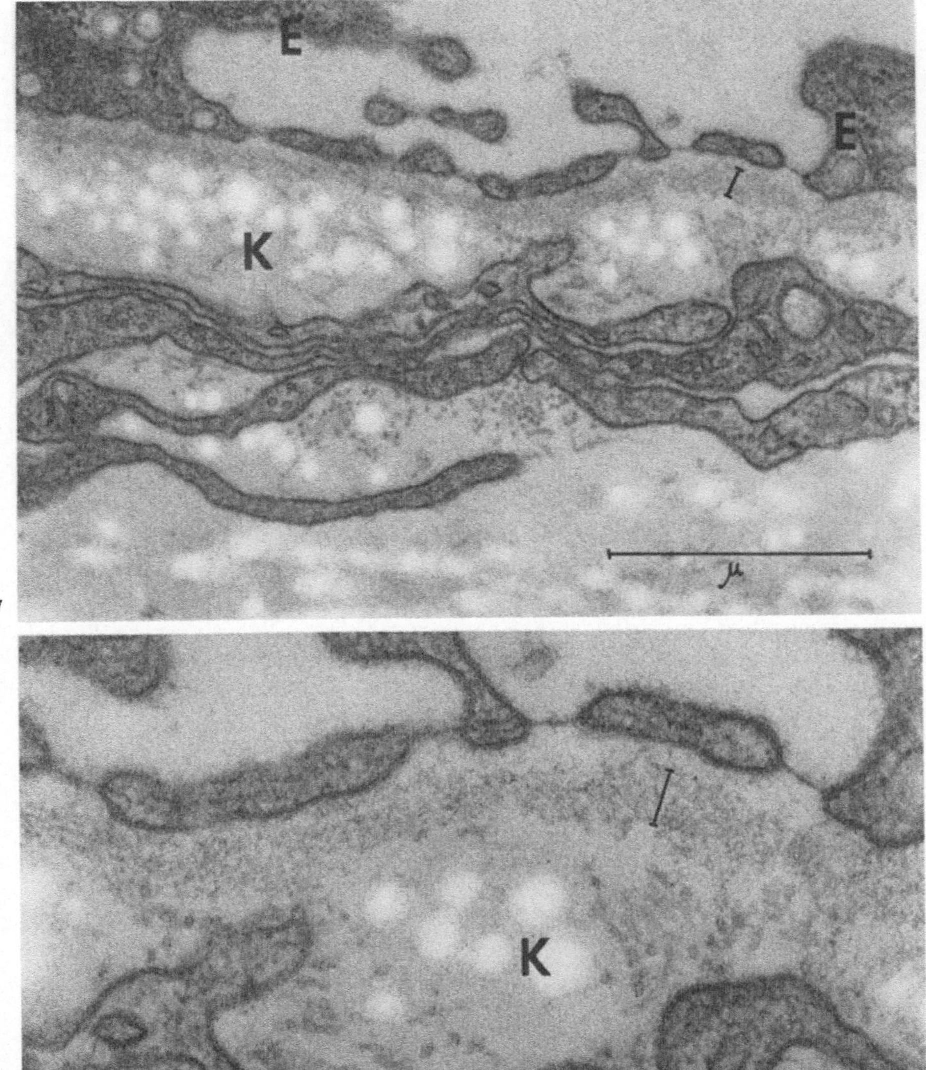

38

Abb. 38. Ausschnitte aus Abb. 37. Die Cytoplasmafortsätze der Bindegewebszellen nähern sich bis auf 150 Å, ohne spezialisierte Zellkontakte auszubilden (Pfeile). Ganz links in der Abbildung ist bei den Pfeilen eine Einlagerung von elektronendichter Substanz in solch einer Region angedeutet; 60000×

In den meisten Fällen liegen die Capillaren außerordentlich dicht am Glomusparenchym, nur 1 μm und weniger von diesem entfernt (vgl. Abb. 13). Trotz dieses geringen Abstandes sind stets folgende Schichten zwischen Blutstrom und Zellmembran der chromaffinen Zellen gelegen: Endothel bzw. Endothelfenster, Basalmembran des Endothels, Cytoplasmalamellen adventitieller Zellen, Basalmembran der Hüllzellen bzw. der chromaffinen Zelle und in den meisten Fällen auch ein Zellfortsatz einer Hüllzelle.

Während bei Capillaren im Bindegewebe um das Glomus caroticum kontrahierte Endothelzellen beobachtet werden können, sind keine Zeichen von Kontraktion an den fenestrierten Endothelzellen der Capillaren am Glomusparenchym nachzuweisen. In Abb. 35 und 36 sind zwei verschieden stark kontrahierte Capillaren aus dem Bindegewebe um das Glomus caroticum demonstriert: Starke Faltung der Kernoberfläche und das Auftreten dichter Fibrillenbündel im Cytoplasma sind neben der Einengung des Lumens Kennzeichen des kontrahierten Zustandes (Majno, Shea und Leventhal, 1969).

3. Venen

Die Capillaren des Glomusparenchyms münden in weitlumige Venen, die an der Oberfläche des Organs gelegen sind und dort ein Gefäßnetz bilden (Abb. 43). Die Endothelzellen der Venen sind wie die Endothelzellen der Arteriolen durch desmosomenartige Verbindungen aneinandergeschlossen. Nahezu regelmäßig bildet eine der Endothelzellen einen Cytoplasmafortsatz aus, der das Kontaktgebiet überdeckt. Im Cytoplasma der Endothelzellen lassen sich wesentlich mehr membranbegrenzte Vesikel nachweisen als in Endothelzellen der Arteriolen (Abb. 46). Sonst weisen die Venen keine morphologischen Besonderheiten auf.

Arteriovenöse Anastomosen konnten nicht nachgewiesen werden.

4. Arterienklappen

Die bereits lichtmikroskopisch zu beobachtenden wulst- oder klappenförmigen Bildungen der Intima an Aufzweigungsstellen von Arteriolen lassen elektronenmikroskopisch folgenden Aufbau erkennen (Abb. 39): Der klappen- oder spornartige Intimawulst ist von Endothelzellen überkleidet. Diese sind mit verzweigten Fortsätzen im Stroma des Wulstes verankert. Die Fortsätze der Endothelzellen sind wie die Fortsätze der Muskelzellen von Basalmembranmaterial überzogen. Während die Zellfortsätze keine Kontakte ausbilden, sind die Basalmembransysteme beider Zellformen verschmolzen.

Die Tunica media nimmt am Aufbau dieser Gebilde nicht teil. In den Intimawülsten fehlen Fibrocyten und Kollagenfibrillen. Gefäßnerven reichen auch an Stellen solcher Klappenursprünge nur bis an die Tunica media des Gefäßes.

5. Gefäßnerven

Die Arteriolen des Glomus caroticum sind reich mit Gefäßnerven versorgt. An einem Querschnitt des Gefäßes sind meist 3—4 Nervenfasern getroffen (Abb. 33, 34). Die Axone sind während ihres Verlaufes in der Adventitia des Gefäßes meist nur noch unvollständig von Cytoplasmafortsätzen Schwannscher Zellen umhüllt (Abb. 40, 41). Die Nervenfaser wird jedoch stets von einer Basalmembran umgeben.

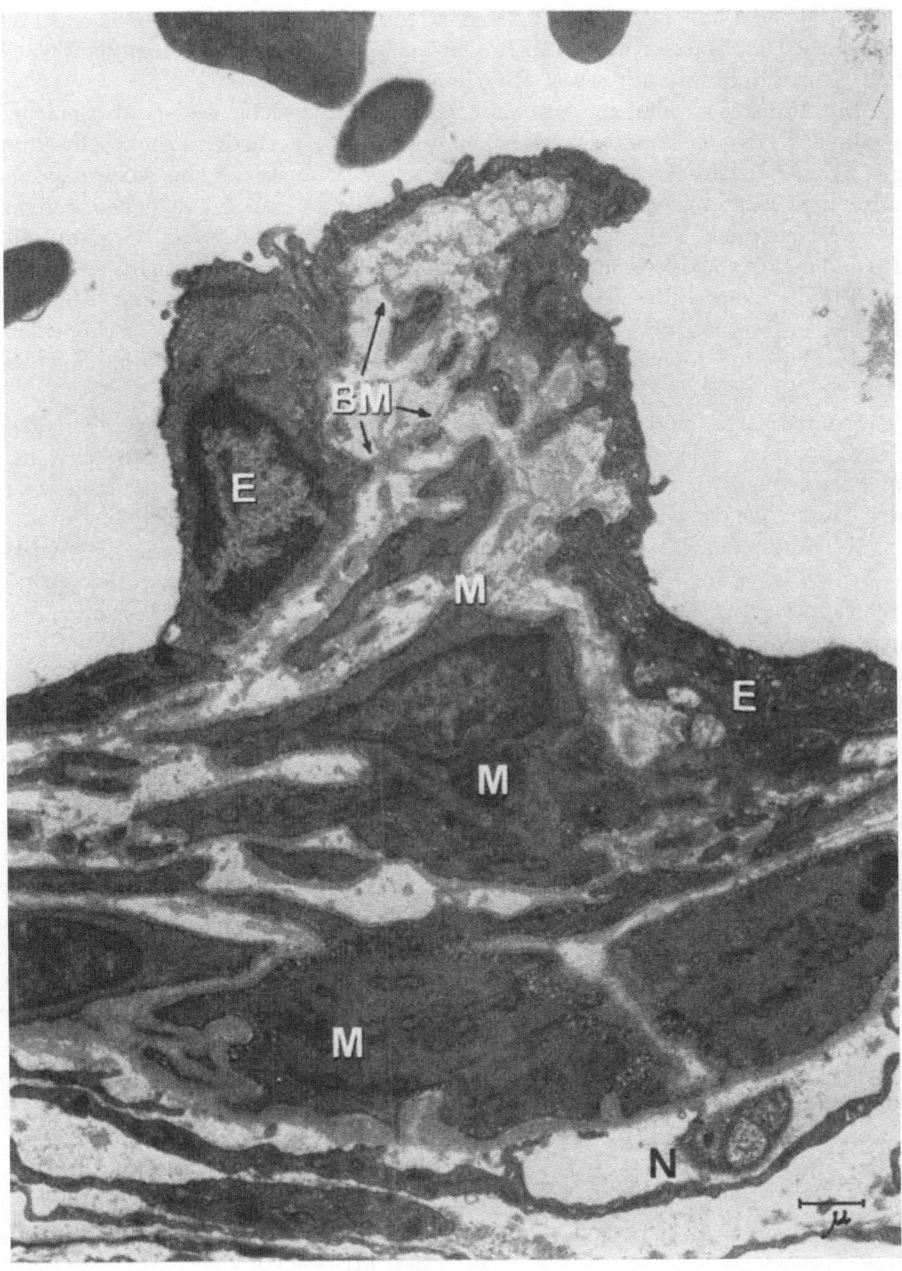

Abb. 39. Intimawulst in einer Arteriole. Die spornartig in das Lumen vorragende Intimafalte ist von Endothel (*E*) überzogen. Die Endothelzellen reichen mit Cytoplasmafortsätzen in das Stroma, deren Basalmembran (*BM*) ein verzweigtes, anastomosierendes Netzwerk ausbildet. An der Basis der Intimaauffaltung eine verzweigte glatte Muskelzelle (*M*), ebenso in der Tunica media der Arteriole, unmittelbar darunter. Gefäßnerven (*N*) sind nur in der Adventitia zu finden; 8000×

Der Durchmesser der Axone schwankt, sofern sie keine terminalen Anschwellungen gebildet haben, zwischen 0,2 und 0,5 µm; Axonanschwellungen dagegen zeigen einen Durchmesser um 1 µm. In den Achsenzylindern findet man hauptsächlich Neurotubuli und nur selten Mitochondrien (Abb. 41).

Die Axonanschwellungen enthalten zahlreiche Bläschen, wie sie als Speichervesikel für Transmittersubstanzen bekannt sind. Eine Form der Axonanschwellungen (parasympathische Endigungen) enthält vornehmlich runde bis ovale Bläschen mit einem Durchmesser um 500 Å ohne elektronendichten Inhalt neben wenigen doppelt so großen Vesikeln, die elektronendichtes Material enthalten (Abb. 40). In anderen Axonauftreibungen (sympathische Endigungen) enthält zumindest ein Teil der kleinen Bläschen ebenfalls ein elektronendichtes Granulum (Abb. 41). In beiden Formen der Axonanschwellungen findet man auch Mitochondrien; Neurotubuli und Neurofilamente sind dagegen in diesen Bereich kaum nachweisbar.

Sympathische und parasympathische Endstrecken werden von derselben Schwannschen Zelle begleitet. Die Oberflächen der Axonanschwellungen, welche nicht von einer Schwannschen Zelle bedeckt sind, weisen zu den Muskelzellen der Tunica media des Gefäßes (Abb. 40, 41).

Neben den beschriebenen Axonauftreibungen findet man in der Adventitia von Arteriolen auch kleine (Durchmesser um 0,5 µm) Axone, die völlig frei von Schwannschen Zellen ziehen. Sie sind durch die Ausbildung einer Basalmembran gekennzeichnet sowie durch zahlreiche Neurotubuli (Abb. 42).

D. Das Bindegewebe des Glomus caroticum

1. Fibrocyten

Das Interstitium des Glomus caroticum ist durch verzweigte lamelläre Fortsätze von Fibrocyten unterteilt, welche häufig dünner als 0,5 µm sind. Der Kern dieser Zellen zeigt dichte Chormatinstrukturen und besitzt meist einen Nucleolus. Je nachdem, ob die Bindegewebszelle mehr oder weniger synthetisiert, sind die Zellorganellen in Cytoplasmaareal um den Kern stärker (Fibroblast) oder schwächer (Fibrocyt) ausgebildet.

Die Fibroblasten besitzen ein gut entwickeltes, ausgeweitetes Ergastoplasma, das von einer granulären, mäßig elektronendichten Substanz gefüllt ist. Ferner beobachtet man mehrere Glogiareale (Abb. 21) und in ihrer Nähe ein intracelluläres Flimmerhaar oder Centriolen. Die Mitochondrien sind in der Nähe des Kernes häufiger als in Zellausläufern lokalisiert.

Abb. 40. Gefäßnerven. Axonendigung mit membranbegrenzten Vesikeln von etwa 500 Å Durchmesser, ohne elektronendichten Inhalt. Einige Bläschen mit dichtem Kern sind etwa doppelt so groß. Die Axonanschwellung ist zur glatten Muskulatur der Media (*M*) ohne Hülle durch eine Schwannsche Zelle; 25000×

Abb. 41. Gefäßnerven; Axonendigung mit Mitochondrien und zahlreichen membranbegrenzten Bläschen, deren Durchmesser rund 500 Å beträgt. Einige dieser Bläschen enthalten elektronendichtes Material. Daneben erkennt man mehrere Axone, alle dünner als 1 µm, die ausschließlich Neurotubuli enthalten; 25000×

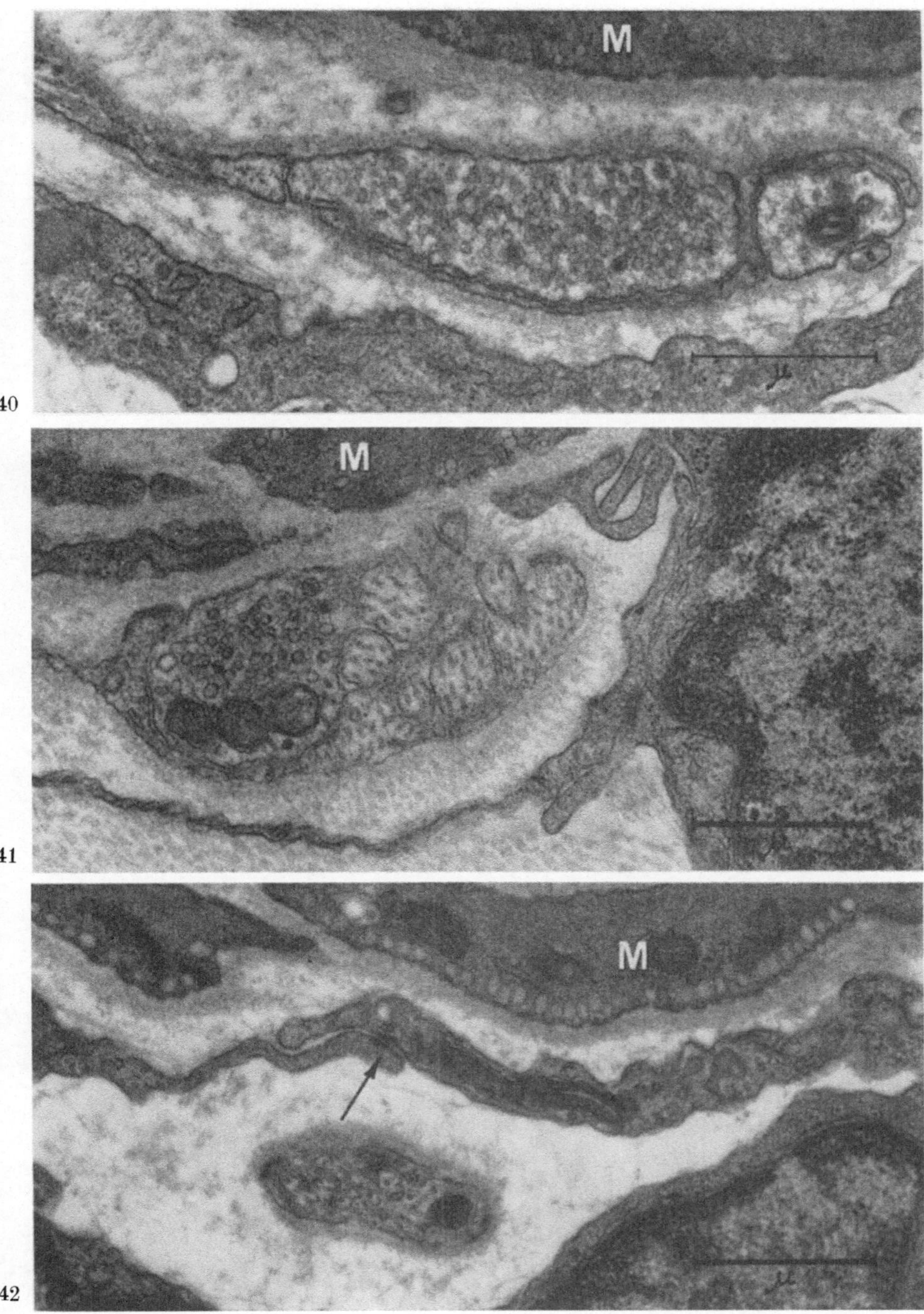

Abb. 42. Cytoplasmaanschnitt in der Adventitia einer Arteriole; Der Anschnitt enthält Neurotubuli und ist von einer Basalmembran umgeben. Cytoplasmafortsätze einer Schwannschen Zelle fehlen. Der Pfeil bezeichnet eine desmosomenartige Verbindung zweier Cytoplasmalamellen adventitieller Zellen; 25000×

Die lamellären Fortsätze der Bindegewebszellen kammern das Interstitium, wobei sich die Fortsätze verschiedener Zellen überlappen. In diesen Bereichen verhalten sie sich wie auf S. 46 für die adventitiellen Zellen der Gefäße beschrieben: sie nähern sich einander wohl bis auf eine Distanz von rund 200 Å, ohne aber Membranverschmelzungen auszubilden; nur selten werden desmosomenartige Kontakte beobachtet.

2. *Makrophagen*

Im Interstitium des Glomus caroticum finden sich regelmäßig Makrophagen, die vor allem an der Adventitia arterieller Gefäße gelegen sind. Vom Glomusparenchym sind sie durch die adventitiellen Hüllen aus Perineurium und Fibrocyten getrennt. Sie weisen keine morphologischen Besonderheiten auf. Stets enthalten sie mehrere Restkörper und Lipopigmente.

3. *Mastzellen*

Zahlreiche Mastzellen können im Bindegewebe des Glomus caroticum lokalisiert werden. Im Schnitt zeigen sie meist ovale bis runde Form bei einem Durchmesser bis 12 μm. Der dicht strukturierte Kern liegt zentral und weist meist oberflächliche Einbuchtungen auf, welche durch die im Cytoplasma gespeicherten Granula bewirkt werden. Die Zelloberfläche ist dicht besetzt mit dünnen, im Schnitt fingerförmig wirkenden Cytoplasmaausstülpungen. Die Mastzellen sind dicht bepackt mit Granula, deren Durchmesser von 0,5—0,8 μm schwankt. Die Elektronendichte der Granula ist etwa mit der Elektronendichte der Erythrocyten zu vergleichen, sie schwankt jedoch etwas in den einzelnen Granula. Die Granula zeigen bei der Maus homogene Struktur.

V. Markierung der Diffusionswege mit intravenös injizierter Meerrettichperoxydase

Bei der Lokalisation von intravenös verabreichter Peroxydase im Glomus caroticum zeigt es sich, daß in erster Linie die Verteilung des Markierungsfermentes kurze Zeit (3 min) nach der Injektion in die Vena cava inferior interessant ist. Es ist dies jene Zeitspanne, während der die Tracersubstanz das Gefäßsystem verlassen hat und zwischen die Zellen des Glomusparenchyms zu diffundieren beginnt. Im folgenden wird daher die Verteilung des Markierungsfermentes 3 min nach der intravenösen Injektion beschrieben.

Endogene peroxydatische Aktivitäten konnten bei Inkubation von Präparaten ohne vorhergehende Injektion von Meerrettichperoxydase nur in Granulocyten nachgewiesen werden.

Abb. 43. Nachweis exogener Peroxydase, 3 min nach i.v. Injektion, ungefärbter Semidünnschnitt. Das Markierungsferment ist aus den Gefäßen diffundiert und füllt gleichmäßig das gesamte Interstitium. Die Inseln von Glomusparenchym und Nervenfasern bleiben ausgespart. Die Lumina der Gefäße sind freigespült. *C* A. carotis, *TS* Truncus sympathicus, *G* Insel von Glomusparenchym im oberen Cervicalganglion; 300×

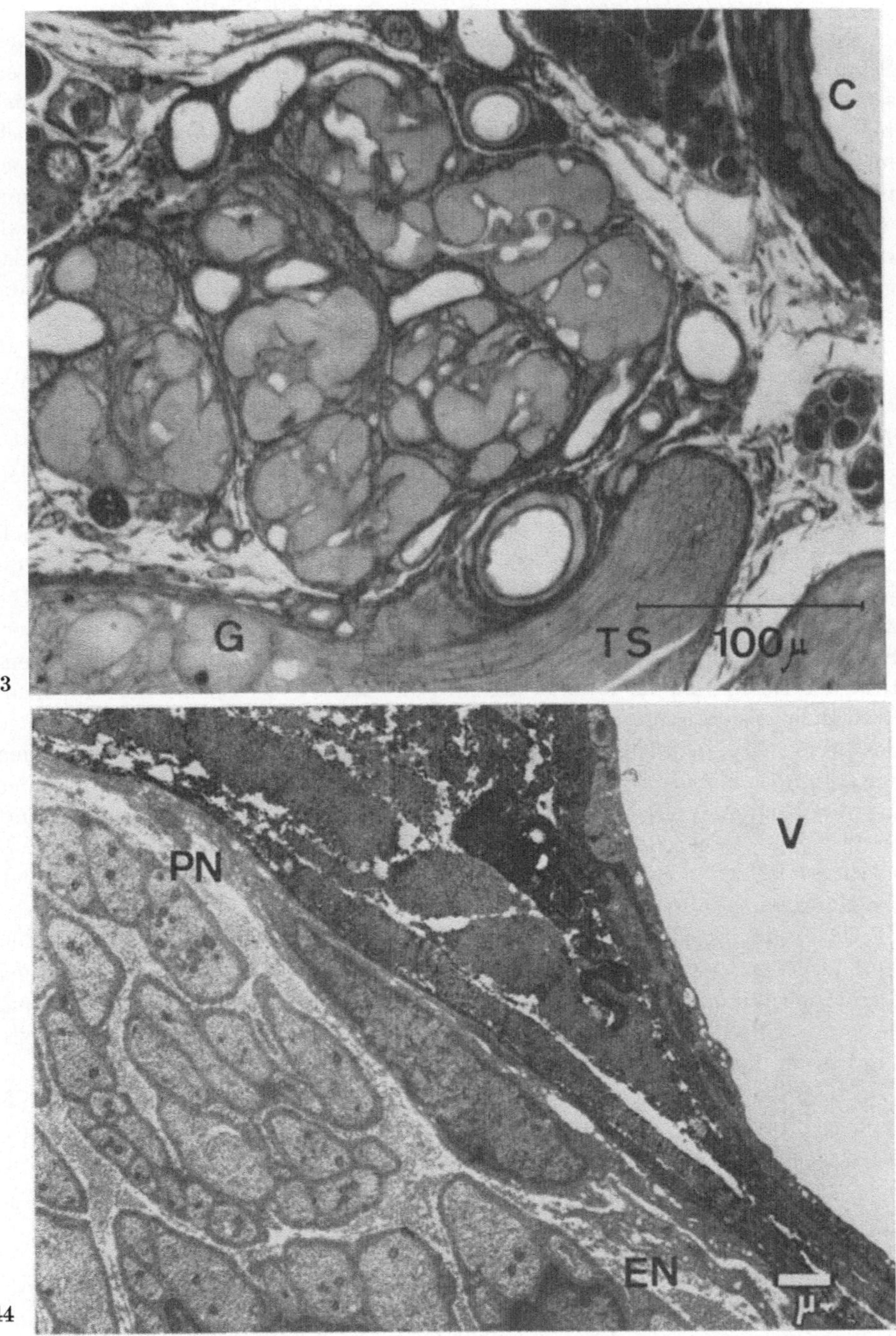

Abb. 44. Das Perineurium (*PN*) des Truncus sympathicus wirkt für die Ausbreitung des Markierungsfermentes als Diffusionsbarriere. Während der Endoneuralraum (*EN*) frei von Reaktionsprodukt ist, ist das Interstitium gleichmäßig gefüllt. *V* Lumen einer Vene; 7000×

A. *Lichtmikroskopischer Nachweis des Markierungsfermentes*

Nach Ausführung der Perfusionsinkubation läßt sich an lichtmikroskopischen Schnitten das Reaktionsprodukt im Interstitium des Glomus caroticum nachweisen (Abb. 43). Das Markierungsferment ist gleichmäßig im gesamten Organ verteilt, die Inseln von Glomusparenchym scheinen ausgespart. Auch der Extracellulärraum in den Gefäßwänden der Carotiden und der zuführenden Arterien ist mit Reaktionsprodukt gefüllt. Das Perineurium um den Truncus sympathicus und um das obere Cervicalganglion wirkt als Diffusionsbarriere. Der Endoneuralraum bleibt frei von Markierungssubstanz. Im Bereich des Glomus caroticum dagegen diffundiert das Markierungsprotein während dieses Zeitintervalls bis an die Nervenfasern heran.

B. *Elektronenmikroskopischer Nachweis des Markierungsfermentes*

1. *Der Transport durch Gefäßwände*

Die Lumina der Gefäße sind durch die Perfusionsfixierung freigespült und weisen daher kein Reaktionsprodukt auf.

In Arteriolen (Abb. 45) ist das Reaktionsprodukt zwischen den Endothelzellen zu lokalisieren. Es füllt den gesamten extracellulären Raum der Gefäßwand, die Areale des elastischen Materials bleiben ausgespart (Abb. 47). Die zahlreichen Oberflächenbläschen an der Basis der Endothelzellen und an der Oberfläche der glatten Muskulatur sind regelmäßig vom Tracer gefüllt. In der Adventitia der Gefäße ist die Markierungssubstanz an der Oberfläche der Kollagenfibrillen lokalisiert (Abb. 45, 46, 49). Offenbar hat hier bei der noch geringen Menge des aus der Strombahn diffundierten Proteins eine Adsorption an diese Oberflächen stattgefunden (Böck, 1972). Im Cytoplasma der Endothelzellen sind nur wenige membranbegrenzte Bläschen nachzuweisen, die mit Reaktionsprodukt gefüllt sind. Phagocytosevesikel sind in den Fortsätzen der Bindegewebszellen der Adventitia noch selten zu beobachten, dagegen haben Makrophagen bereits reichlich die Markierungssubstanz aufgenommen.

Die Verteilung der Peroxydase in den Venenwänden entspricht zur Gänze den Verhältnissen, wie sie in den Arterienwänden beobachtet werden. Ein Unterschied ergibt sich nur hinsichtlich des Verhaltens der Endothelzellen: Im Cytoplasma der Endothelzellen von Venen finden sich wesentlich mehr membranbegrenzte Vesikel, die mit der Markierungssubstanz gefüllt sind (Abb. 46).

Durch die Fenestrae der Capillaren tritt Peroxydase ungehindert aus und diffundiert von dort in den Extracellulärraum, ohne dabei von den lamellären Cytoplasmafortsätzen der adventitiellen Zellen behindert zu werden. Bei kleinen,

Abb. 45. Wand einer Arteriole, 3 min nach i.v. Injektion von Meerrettichperoxydase. Das Markierungsferment ist zwischen den Endothelzellen (Pfeile) und im gesamten Extracellulärraum nachzuweisen. In der Adventitia erkennt man deutlich die Adsorption an die Oberflächen der Kollagenfibrillen (*K*). Auch in den Basalmembranen und Oberflächenbläschen der glatten Muskelzellen ist es angereichert. Der basale Vesikelbesatz der Endothelzellen kommuniziert mit dem Extracellulärraum und ist mit Peroxydase gefüllt. *E* Zwei Fortsätze einer Endothelzelle zur Muskulatur der Media; 12000×

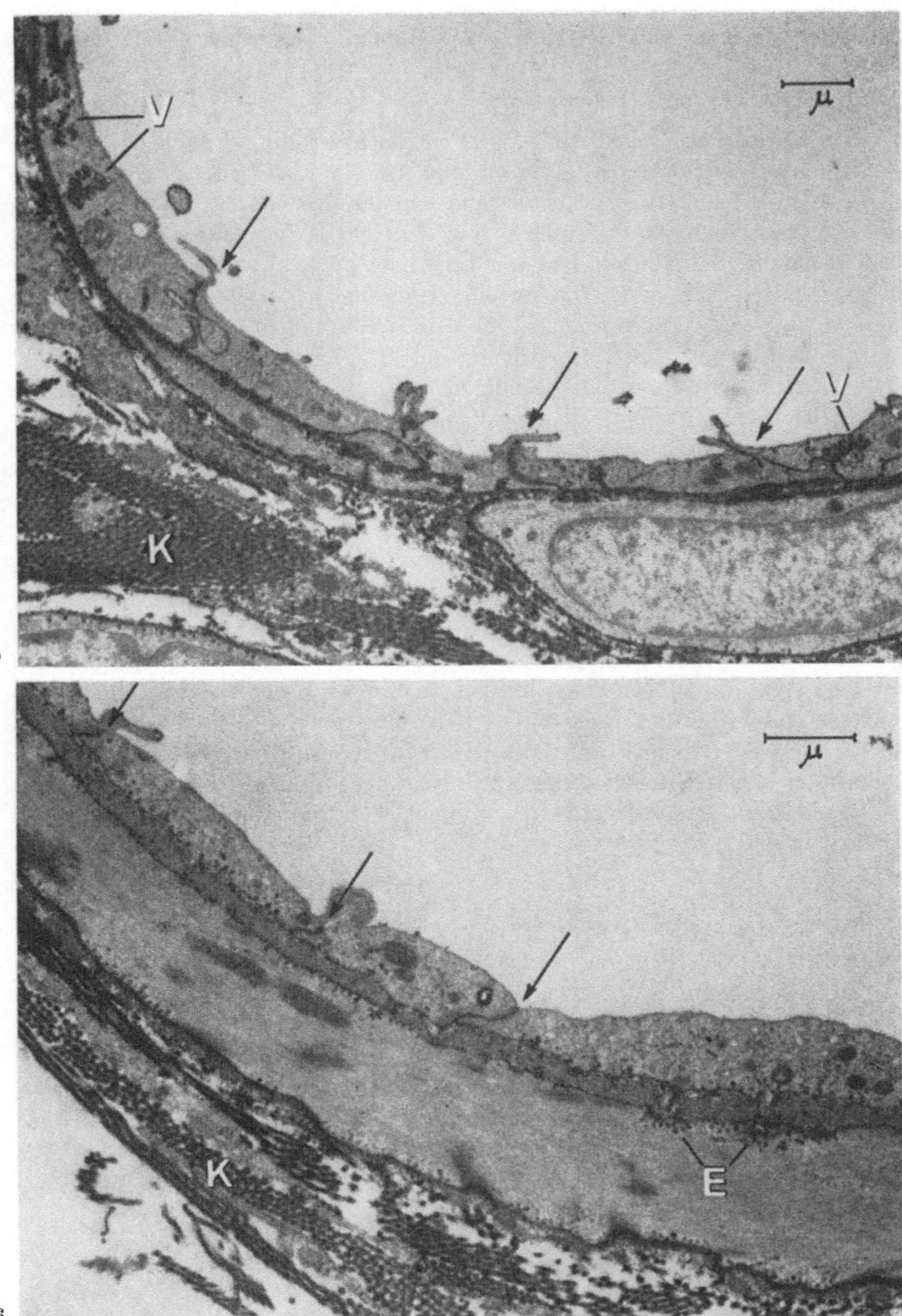

Abb. 46. Venenwand, 3 min nach i.v. Injektion von Peroxydase. Das Reaktionsprodukt ist in den Intercellulärräumen zwischen den Endothelzellen (Pfeile) und an der Oberfläche der Kollagenfibrillen des Interstitiums nachzuweisen. Im Cytoplasma der Endothelzellen findet man zahlreiche Vesikel (*V*), die mit Reaktionsprodukt gefüllt sind; 9000 ×

markfreien Nervenfasern beobachtet man, daß der Tracer bereits in den Spaltraum des Mesaxons und des periaxonalen Raumes eingedrungen ist (Abb. 47).

2. Die Verteilung im Glomusparenchym

Das Markierungsferment diffundiert in die Spalträume zwischen Hüllzellen und Glomuszellen, zwischen Hüllzellen und Axonen und zwischen Glomuszellen (Abb. 48). Die Peroxydase verteilt sich auch in den schmalen Extracellulärräumen des Glomusparenchyms gleichmäßig und ohne ein Diffusionshindernis vorzufinden. Bereits nach der kurzen Zeit von 3 min nach der intravenösen Injektion können an den Oberflächen der Glomuszellen erste Pinocytosebläschen nachgewiesen werden, die mit Reaktionsprodukt gefüllt sind (Abb. 48). Obwohl sich noch wenig Markierungsferment im Extracellulärraum des Glomusparenchyms befindet, lassen sich in synaptischen Axonendigungen an den Glomuszellen bereits einige Bläschen demonstrieren, die die Markierungssubstanz enthalten (Abb. 49).

3. Das Perineurium als Diffusionsbarriere

Das Endoneurium des Cervicalganglions und des Truncus sympathicus bleibt frei von Reaktionsprodukt (Abb. 44). Die Oberflächenbläschen an der äußeren Lamelle des Perineuriums, die dem Interstitium zugewandt sind, werden von der Markierungssubstanz gefüllt, doch kann weder Pinocytose noch vesiculärer Transport durch die Cytoplasmalamelle nach einer Zeitspanne von 3 min nachgewiesen werden. Es muß in diesem Zusammenhang darauf hingewiesen werden, daß nach längeren Zeitabständen z. B. 30 min nach der intravenösen Injektion das Ferment auch zwischen den Lamellen des Perineuriums des Cervicalganglions und im Endoneuralraum direkt unter dem Perineurium nachgewiesen werden kann.

Das Perineurium größerer Nervenstämmchen im Interstitium des Glomus caroticum zeigt ein völlig identisches Verhalten.

4. Diffusion in den Endoneuralraum

In der Nähe der Endigung des Perineuriums läßt sich das Markierungsferment im Endoneuralraum von Nerven und zwischen den Lamellen des endigenden Perineuriums nachweisen. Die geringe Menge der hier vorliegenden Markierungssubstanz wird vor allem an den Oberflächen der Kollagenfibrillen und an Basalmembranen lokalisiert. Abhängig von der Zeitdifferenz nach der Injektion des Tracers kann im Endoneuralraum von Nerven, die im Interstitium des Glomus caroticum gelegen sind, immer mehr Reaktionsprodukt gefunden werden. Die Markierungssubstanz diffundiert dann auch hier ungehindert in die Mesaxone der markfreien Nervenfasern.

Abb. 47. Der interstitielle Raum des Glomus caroticum ist 3 min nach i.v. Injektion von Peroxydase gleichmäßig mit dem Tracer gefüllt; Elastisches Material (*E*) bleibt ausgespart. Bei markfreien Nervenfasern (*N*) ist das Markierungsferment in den mesaxonalen und periaxonalen Raum diffundiert. Reaktionsprodukt, das bereits im Glomusparenchym gelegen ist, ist mit Pfeilen bezeichnet. *V* Vene; 8000×

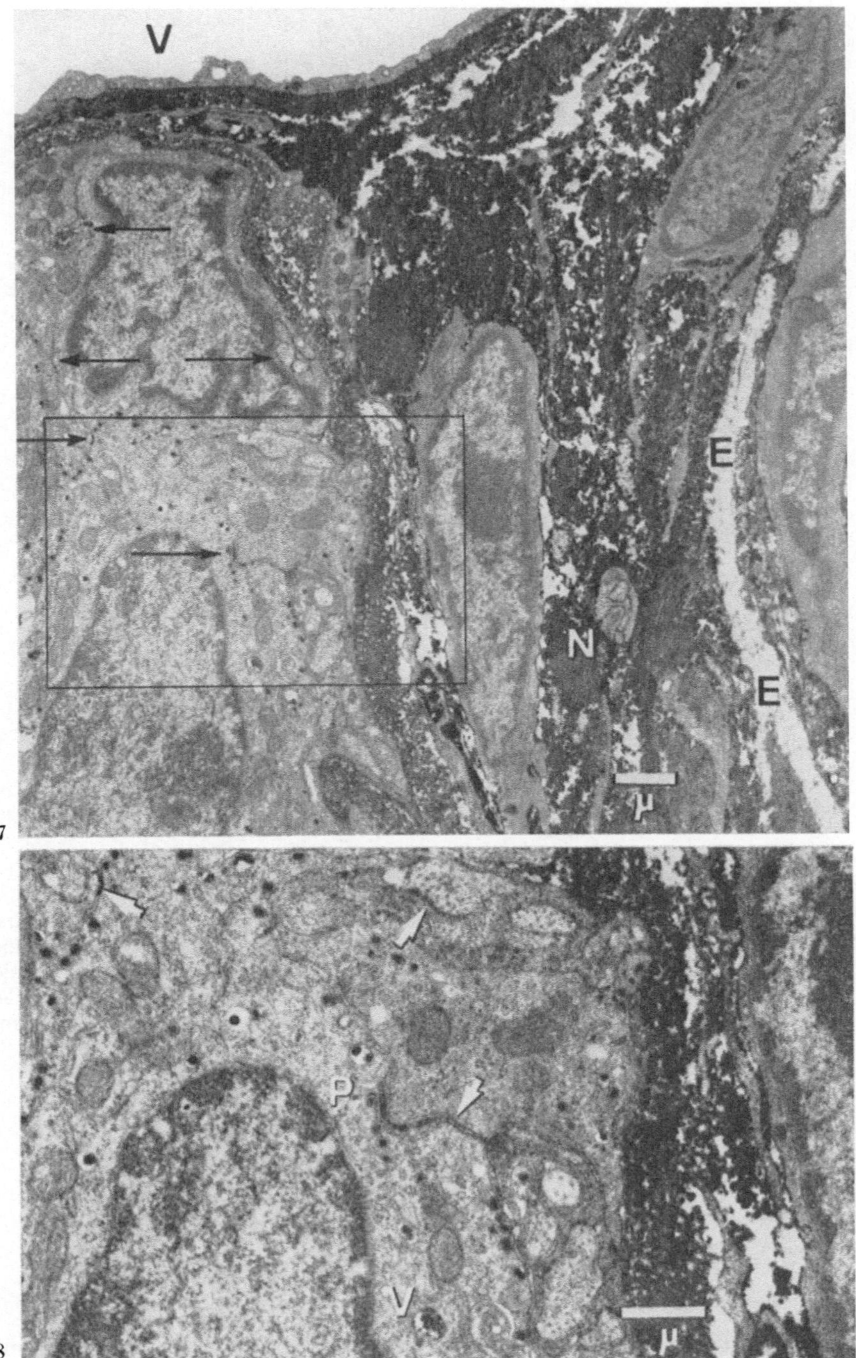

Abb. 48. Stärkere Vergrößerung des in Abb. 47 eingerahmten Areals. Peroxydase ist im Glomusparenchym nachweisbar (Pfeile). Sie wird von den chromaffinen Zellen durch Pinocytose aufgenommen (*P*) und ist in Vacuolen im Cytoplasma der Glomuszellen (*V*) zu finden; 16000×

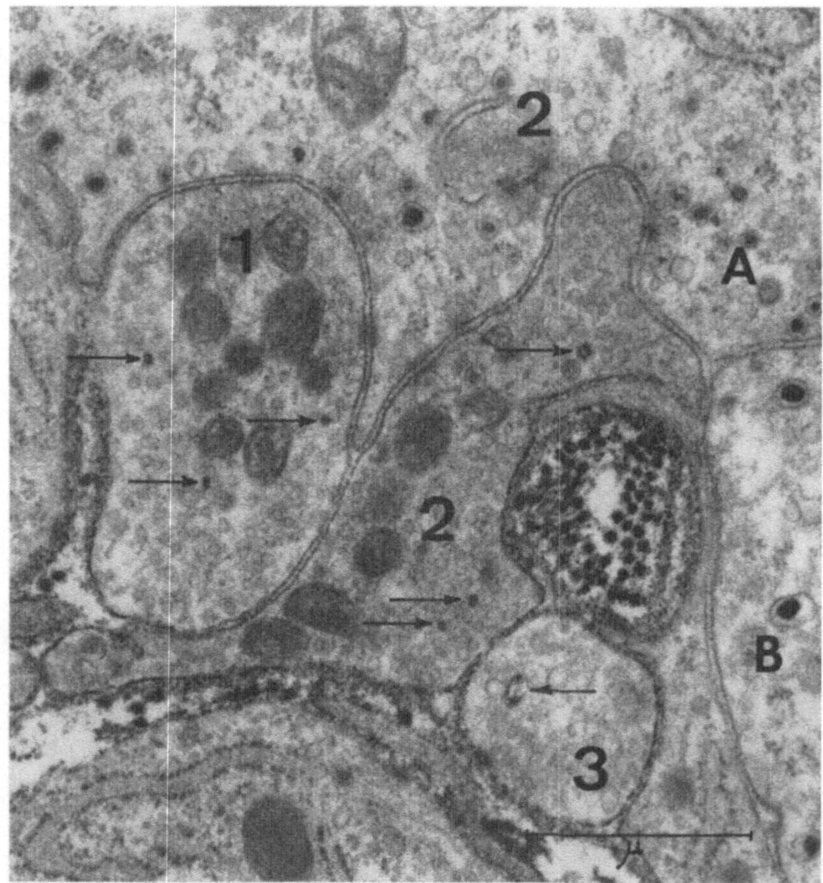

Abb. 49. Synapsen an chromaffinen Zellen. Die Axonendigungen (*1*, *2*, *3*) an den chromaffinen Zellen (*A*, *B*) enthalten zahlreiche synaptische Bläschen. Die mit *A* bezeichnete chromaffine Zelle wird von zwei synaptischen Endigungen erreicht. 3 min nach der intravenösen Injektion des Markierungsfermentes sind geringe Mengen von Peroxydase nachzuweisen, die vor allem an Kollagenfibrillen und Basalmembranen adsorbiert sind. In allen synaptischen Axonendigungen ist das Reaktionsprodukt in einigen Bläschen zu finden (Pfeile); 30000×

Diskussion

I. Die Catecholamine im Glomus caroticum

A. Fluorescenzmikroskopisch-histochemischer Nachweis und chemische Analysen

Die chromaffine Reaktion zum Nachweis von Catecholaminen und Serotonin ist zu unempfindlich, um in allen Zellen des Glomus caroticum bzw. in den Glomera carotica aller untersuchten Species biogene Amine histochemisch nachzuweisen. Die aus diesem Grund differierenden Beobachtungen hatten zur Einteilung der Paraganglien in chromaffine und nicht chromaffine Paraganglien geführt (Watzka,

1943; Penitschka, 1931). Der negative Ausfall einer postulierten chromaffinen Reaktion führte zur Formulierung von Begriffen wie „farblose chromaffine Zellen" (Kose, 1907) (zusammengestellt bei Kobayashi, 1971a).

Die Anwendung einer spezifischeren und wesentlich empfindlicheren histochemischen Methode zum Nachweis der Catecholamine, die formaldehydinduzierte Fluorescenz (Falck, 1962), brachte sichere Hinweise, daß bei allen untersuchten Species und hier wieder in allen paraganglionären Zellen des Glomus caroticum Catecholamine nachzuweisen sind. Neben den untersuchten Labortieren wie Kaninchen, (Dearnaley, Fillenz und Woods, 1968; Möllmann *et al.*, 1972a, b) und Katze (Chiocchio, King und Angelakos, 1971; Chiocchio *et al.*, 1971; Muratori, Chiarini und Battaglia, 1966) kann dieser Befund auch für das Glomus caroticum des Menschen als gesichert gelten (Hamberger, Ritzén und Wersäll, 1966; Niemi und Ojara, 1964).

Während Muratori, Chiarini und Battaglia (1966) beim Glomus caroticum der Ratte fluorescenzmikroskopisch keine Catecholamine nachweisen konnten, wird bei diesem Tier eine positive Reaktion von Blümcke, Rode und Niedorf (1967) berichtet und kann aus eigenen Untersuchungen bestätigt werden (Böck und Lassmann, 1973; Lassmann und Böck, 1972). Unter Berücksichtigung der umfassenden Zusammenstellung von Kobayashi (1971a), der fluorescenzmikroskopisch Catecholamine im Glomus caroticum bzw. im Carotislabyrinth zahlreicher Spezies (darunter Amphibien, Eidechsen, Vögel und Säugetiere) nachweisen konnte, muß wohl angenommen werden, daß Catecholamine regelmäßig in den paraganglionären Zellen des Glomus caroticum gespeichert werden.

Von besonderem Interesse ist auch die hohe Umsatzrate der Catecholamine des Glomus caroticum. Helpap und Hempel (1969) konnten durch autoradiographische Untersuchungen nach Gaben von ^{3}H-DOPA eine Halbwertszeit von etwa 7 Std berechnen, während der Markierungsgrad im Nebennierenmark der Tiere über 48 Std nahezu unverändert bleibt. Von diesen Autoren wurde auf Grund der Silberkorndichte der Gehalt der aus ^{3}H-DOPA im Glomus caroticum gebildeten, lokalisierbaren Metaboliten zu 25—33 μg/g berechnet; diese Menge kann annähernd mit den durch chemische Analysen gefundenen Catecholaminkonzentrationen verglichen werden (Tabelle 1).

Neben dem qualitativen histochemischen Nachweis von Catecholaminen in den chromaffinen Zellen des Glomus caroticum sind bei Beobachtungen an Semidünnschnitten quantitative Unterschiede in der Fluorescenzintensität einzelner Zellen bzw. verschiedener Cytoplasmaareale innerhalb einzelner Zellen nachweisbar (vgl. S. 23). Neben unterschiedlich stark fluorescierenden Zellen wurde auch eine stärkere Fluorescenz der Randpartien des Cytoplasmas und einzelner Zellfortsätze beobachtet (Abb. 12). Dieser fluorescenzmikroskopische Befund stimmt gut mit elektronenmikroskopischen Beobachtungen überein, wenn man die charakteristischen Granula der paraganglionären Zellen als Catecholamine speichernde Zellorganellen interpretiert. So werden Zellen mit unterschiedlicher Granulaanzahl gefunden, die Granula sind in den meisten Zellen an der Zellperipherie lokalisiert und es lassen sich Zellfortsätze nachweisen, die besonders zahlreiche Granula enthalten.

Die Ergebnisse erster Versuche die Catecholamine des Glomus caroticum näher zu indentifizieren, ließen vor allem Noradrenalin in den paraganglionären Zellen vermuten (Muscholl, Rahn und Watzka, 1960; Rahn, 1961). Erst später wurde der hohe Dopamingehalt des Organs entdeckt. Aufgeschlüsselte Ergebnisse neuerer chemischer Analysen sind in Tabelle 1 zusammengefaßt:

Tabelle 1

Autoren	Material	Adrenalin	Noradrenalin	Dopamin	DOPA
Zapata *et al.* (1969)	Katze	24 ng/ Glomus	98 ng/ Glomus	207 ng/ Glomus	
Chiocchio, Biscardi und Tramezzani (1966)	Katze	8%	35%	67%	
Chiocchio, King und Angelakos (1971)	Katze		24 μg/g	79 μg/g	71 μg/g
Chiocchio *et al.* (1971)	Katze		31—51 ng/ Glomus	122—131 ng/ Glomus	86—150 ng/ Glomus
Dearnaley, Fillenz und Woods (1968)	Kaninchen		1,5 μg/g	20—40 μg/g	

Die chemische Analyse der Catecholamine des Glomus caroticum ist wegen der geringen Größe des Organs sehr schwierig. Um die weite Streuung der erhaltenen Werte zu deuten, muß neben der technischen Schwierigkeit auch eine beträchtliche Variation von Tier zu Tier berücksichtigt werden; denn die Werte, die bei Analysen von beiden Organen desselben Tieres gefunden werden, sind gut vergleichbar (Zapata *et al.*, 1969).

Die letztgenannten Autoren haben auch den Catecholamingehalt des Glomus caroticum nach Excision des Ganglion cervicale superius bestimmt und finden keine Änderung nach der Operation. Es muß hervorgehoben werden, daß auf lange Zeit (3 Std) hypoxisch gehaltene und in vitro durch 5 Std anoxisch gehaltene Glomera carotica normalen Catecholamingehalt zeigen.

Um auch in fluorescenzmikroskopisch-histochemischen Präparaten nach der Formaldehydbedampfung einzelne Catecholamine und Serotonin zu unterscheiden, wurden Exzitations- und Emissionsspektren der histochemischen Präparate untersucht. Dearnaley, Fillenz und Woods (1968) verwendeten ein Spektrofluorometer um auf einem Trägerglas gesammelte Schnitte von Glomusgewebe zu analysieren. Die chromaffinen Zellen zeigen ein Exzitationsmaximum zwischen 360 und 400 nm, ein Emissionsmaximum bei 470 nm. Nach Behandlung der histochemischen Präparate mit HCl-Gas wird das Exzitationsmaximum bei 375 nm, das Emissionsmaximum bei 480 nm gefunden, während bei Modellversuchen Noradrenalin unter diesen Bedingungen eine Verschiebung des Exzitationsmaximum von 400 zu 335 nm zeigt (vgl. Corrodi und Jonsson, 1965). Dearnaley, Fillenz und Woods (1968) schließen daraus, daß in den paraganglionären Zellen des Glomus caroticum des Kaninchens vor allem Dopamin gespeichert wird. Serotonin kann nach diesen Autoren ausgeschlossen werden. Die Ergebnisse stimmen sehr gut mit den gleichzeitig durchgeführten chemischen Bestimmungen überein (vgl. Tabelle 1).

Am gleichen Versuchstier (Kaninchen) finden bei Anwendung mikrospektrofluorometrischer Methoden Möllmann u. Mitarb. (1972b) nach Formaldehydbedampfung neben den Catecholaminen auch Serotonin; die Autoren berichten, daß durch Gabe von Reserpin die gesamte Fluorescenz des Glomusgewebes, durch Verabreichung von PCPA (p-Chlorophenylalanin) die gelbe Fluorescenz des Serotonins erheblich reduziert wird (Möllmann *et al.*, 1972a). Es muß hervorgehoben werden, daß nach Ergebnissen dieser Autorengruppe Catecholamine und Serotonin in ein und derselben Zelle lokalisiert sind (Möllmann *et al.*, 1972a; Abb. 7, 8).

Chiocchio und Mitarbeiter (1971) untersuchten das Glomus caroticum der Katze mikrospektrofluorometrisch nach Formaldehydbedampfung sowie bei Anwendung der Trihydroxyindol-Methode. Die Autoren finden, daß die meisten Glomuszellen Noradrenalin oder DOPA oder beides enthalten, während einige Glomuszellen ausschließlich Dopamin speichern. Daneben werden nur einzelne Zellen gefunden, die Serotonin enthalten.

Die fluorescenzmikroskopisch-histochemischen Ergebnisse zeigen in guter Übereinstimmung mit den chemischen Analysen, daß die chromaffinen Zellen des Glomus caroticum Catecholamine, vor allem Dopamin speichern und daneben auch DOPA enthalten. Nach den Ergebnissen neuerer Untersuchungen sind selektiv Serotonin speichernde Zellen — sofern überhaupt nachweisbar — selten zu finden. Nach eigenen, allerdings nicht mit spektrofluorometrischen Methoden ausgeführten Beobachtungen am Glomus caroticum von Maus und Ratte, zeigen nur Mastzellen gelbe Fluorescenz. Die widersprechenden Ergebnisse von Möllmann u. Mitarb. (1972a, b) könnten als Speciesunterschiede gedeutet werden. So fanden Hamberger, Ritzén und Wersäll (1966) beim Menschen Serotonin-speichernde Zellen. Es bleibt jedoch der unmittelbare Widerspruch zu den von Dearnaley, Fillenz und Woods (1968) ebenfalls am Glomus caroticum des Kaninchens erhobenen Befunden.

Diese Ergebnisse und Widersprüche finden eine Erklärung, wenn man annimmt, daß die paraganglionären Zellen des Glomus caroticum nicht ausschließlich ein Catecholamin oder Serotonin speichern. Nach diesem Gesichtspunkt würden keine differenten Zellgruppen existieren, sondern wahlweise angebotene Catecholamine oder Serotonin bzw. deren Vorläufer (Chen und Yates, 1969) aufgenommen werden. Unter der Annahme, daß die spezifischen Zellen des Glomus caroticum zur Serie der APUD-Zellen gehören (Pearse, 1969) (vgl. S. 65), wird dieses Phänomen verständlich, ebenso die beobachtenden individuellen Unterschiede: Die paraganglionären Zellen fungieren als fakultative Catecholaminspeicher.

B. Die Bedeutung der elektronenmikroskopisch nachweisbaren Speichergranula

1. Unbehandelte Tiere

Der elektronenmikroskopisch-histochemische Nachweis von Catecholaminen beruht auf der Präcipitation eines unlöslichen Komplexes aus primären Catecholaminen und Glutaraldehyd. In einem zweiten Reaktionsschritt werden von diesem Präcipitat Schwermetallsalze reduziert, wodurch elektronendichte Niederschläge entstehen. Für den zweiten Reaktionsschritt geben einzelne Autoren die Verwendung verschiedener Metallsalze an, so z.B. Osmiumtetroxyd (Coupland, Pyper und Hopwood, 1964; Coupland und Hopwood, 1966), Kaliumbichromat (Wood und Barrnett, 1964) oder ammoniakalisches Silbernitrat (Tramezzani, Chiocchio und Wassermann, 1964). Während die Reaktion von Noradrenalin und auch von Serotonin mit Glutaraldehyd fast augenblicklich erfolgt, reagiert Adrenalin nicht und wird während der Zeit des Fixierens aus den Geweben ausgeschwemmt; Dopamin und DOPA präcipitieren mit Glutaraldehyd nicht so rasch wie Noradrenalin (vgl. Hopwood, 1971).

Die in der vorliegenden Untersuchung verwendete elektronenmikroskopische Technik kann somit als geeignete histochemische Methode zum Nachweis primärer Catecholamine in Form elektronendichter Präcipitate angesehen werden, zumindest für den Nachweis von Noradrenalin. Dies wurde auch an Kontrollpräparaten vom Nebennierenmark überprüft. Bei Fixierungsversuchen mit Phosphat-gepuffertem Glutaraldehyd und Variation der Nachfixierung (Osmiumtetroxyd oder Kaliumbichromat oder Kaliumbichromat und Osmiumtetroxyd) konnten die gleichen Resultate am Glomus caroticum erzielt werden, wie sie auf S. 31 ff. beschrieben sind.

Die in den chromaffinen Zellen des Glomus caroticum enthaltenen Speichervesikel mit elektronendichtem Inhalt zeigen bereits bei unbehandelten Tieren nicht nur verschiedene Form sondern auch unterschiedliche Elektronendichte des Inhalts (Abb. 24—27). Während im Nebennierenmark zwei Zellpopulationen nachzuweisen sind, entsprechend den einheitlichen „dichten" (Noradrenalin) und „nicht dichten" (Adrenalin) Granulapopulationen, findet man im Glomus caroticum in einer chromaffinen Zelle neben den beiden Extremen alle Zwischenformen.

Für diese Beobachtungen sind folgende Erklärungen möglich (Böck und Lassmann, 1973):

a) Die Granula speichern auch Adrenalin, welches nach der Glutaraldehydfixierung keine osmiophilen Präcipitate gibt.

b) Die Granula befinden sich in verschiedenen Funktionszuständen, sie sind unterschiedlich stark bespeichert.

c) Das Catecholamin hat Gelegenheit während der Fixierung aus den Geweben zu diffundieren, da die Präcipitate mit Glutaraldehyd nicht unmittelbar entstehen. Es wird nicht quantitativ nachgewiesen.

ad a) Da in einer Zelle dichte und weniger dichte Granula lokalisiert werden können, würde dies bedeuten, daß primäre Catecholamine und Adrenalin in einer Zelle gespeichert werden. Dies entspricht nicht der Situation wie sie z.B. im Nebennierenmark gefunden wird. Darüber hinaus wäre zu fordern, daß primäre Catecholamine und Adrenalin in einem Granulum gespeichert sind, da auch sämtliche Übergangsformen an Dichte des Granuluminhaltes beobachtet werden können.

ad b) Vorausgesetzt, daß es sich bei den unterschiedlich dichten Granula in den Glomuszellen um unterschiedlich stark bespeicherte Organellen handelt, können aus dem Nachweis unterschiedlich dichter Granula nur dann bindende Schlüsse gezogen werden, wenn man Punkt a) nicht anerkennt und annimmt, es würden nur Catecholamine gespeichert, die auch sicher als elektronendichtes Reaktionsprodukt lokalisiert sind. Dieser Umstand ist jedoch unwahrscheinlich, denn immerhin ist durch chemische Analyse nachgewiesen, daß der Adrenalingehalt im Glomus caroticum rund ein Viertel des Gehaltes an Noradrenalin ausmacht (vgl. Tabelle 1).

ad c) Modellversuche von Hopwood (1971) haben gezeigt, daß die Präcipitation von Dopamin durch Glutaraldehyd nicht sofort (wie bei Noradrenalin) erfolgt. Es ist sogar weniger Präzipitat zu erzielen als mit DOPA und Glutaraldehyd. Daher ist nicht auszuschließen, daß zumindest ein Teil des hauptsächlich im Glomus caroticum vertretenen Catecholamins während der Fixierung ausdiffundiert.

Berücksichtigt man die Punkte a) bis c), so ist es unmöglich, die Beobachtung mehr oder weniger elektronendichter Granula zu interpretieren. Neben der ungenügenden Fixierung des vornehmlich vertretenen Catecholamins Dopamin ist es die Tatsache, daß keine Population von Adrenalinspeichernden Zellen abgetrennt werden kann, die die Deutung erschwert. Darüber hinaus ist es sehr wahrscheinlich, daß auch unterschiedlich bespeicherte Granula vorliegen oder aber, daß neben bereits bespeicherten Granula andere, noch nicht beladene, aber speicherfähige Vesikel vorliegen; denn nach Gaben des Vorläufers 5-OH-DOPA (3,4,5-Trihydroxyphenyl-alanin) werden in den chromaffinen Zellen des Glomus caroticum ausschließlich Granula mit dichtem Inhalt gefunden (Hellström, 1971). Wegen der Möglichkeit, daß Dopamin während der Fixierung ausdiffundiert, kann auch noch nicht entschieden werden, ob Granula von mittlerer Elektronendichte bespeicherten Granula entsprechen, die einen Teil des nicht fixierbaren Catecholamins verloren haben oder aber ob es sich um Granula handelt, die a priori nicht voll bespeichert waren.

2. *Versuche mit Reserpin*

Untersucht man Glomera carotica nach Glutaraldehyd, Bichromat- oder Glutaraldehyd Osmiumtetroxyd-Fixierung nach Gaben von Reserpin, beobachtet man eine Abnahme der Elektronendichte des Granulainhalts (Chen und Yates, 1969; Chen, Yates und Duncan, 1969). Immerhin sind aber in solchen Glomuszellen noch immer Speichervesikel enthalten, die auch noch — wenn auch von geringerer Elektronendichte — einen Kern enthalten. Gleichzeitige Untersuchungen des Catecholamingehaltes mit elektronenmikroskopischen und fluorescenzhistochemischen Methoden haben gezeigt, daß dabei die Catecholamine völlig entleert sind (Möllmann *et al.*, 1972; Böck und Lassmann, 1973). Die Auszählung der Granulaanzahl zeigte, daß bei völliger Entleerung der Catecholamine die Anzahl der Speichergranula in den chromaffinen Zellen des Glomus caroticum der Ratte auf etwa 50% der bei Kontrolltieren gefundenen Menge sinkt (Böck und Lassmann, 1973). Dieses Ergebnis wird sowohl 24 Std nach einmaliger Gabe hoher Dosen von Reserpin (10 mg/kg) wie nach 1—4maliger täglicher Gabe einer niederen Dosis (1 mg/kg) in gleicher Weise gefunden.

Zapata u. Mitarb. (1969) prüften die Wirkung von Reserpingaben durch chemische Analyse des Catecholamingehaltes des Glomus caroticums. Sie finden ein Absinken der analysierten Catecholamine (Tabelle 1) auf grob $^1/_{10}$ der Ausgangswerte, können jedoch elektronenmikroskopisch keine morphologischen Veränderungen an den Speichervesikeln feststellen.

3. *Stimulierung des Glomus caroticum*

Von besonderem Interesse für die Funktion des Glomus caroticum als Chemoreceptor ist das Verhalten des Catecholamingehaltes und der Speichergranula bei Stimulierung des Receptors.

Zapata *et al.* (1969) finden bei chemischer Analyse keine Veränderung der Catecholaminkonzentrationen nach dreistündiger Hypoxie sowie nach 5 Std Anoxie des Organgs in vitro. Dementsprechend konnten auch elektronenmikroskopisch keine morphologischen Unterschiede gegenüber Kontrolltieren beobachtet werden. Dasselbe gilt für Adrenalektomie sowie für die Durchtrennung des Sinusnerv oder der sympathischen Nervenversorgung. Nach Stimulierung des Sinusnerv nimmt die Granuladichte ab (Yates, Chen und Duncan, 1969). Ebenfalls keine Änderung in der Elektronendichte und Anzahl der Speichergranula bei Hypoxie berichten Chen, Yates und Duncan (1969) sowie Al-Lami und Murray (1968b).

Diese Befunde stehen im Gegensatz zu elektronenmikroskopischen Ergebnissen von Blümcke, Rode und Niedorf (1967), die bei Ratten durch Hypoxie die Ausschleusung der Speichergranula provozieren konnten und auch fluorescenzmikroskopisch eine Abnahme der Catecholamine feststellten. Ebenso berichten Hoffman und Birrel (1968) eine Ausschleusung der Granula bei Anoxie.

4. *Die Bedeutung der Speichergranula*

Im vorausgegangenen Abschnitt wurde dargelegt, daß mehrere Versuchsergebnisse annehmen lassen, die Stimulierung des Chemoreceptors durch adäquate Reize (Hypoxie, Anoxie) führe nicht zur Ausschüttung der Catecholamine (chemische Analysen) bzw. der elektronenmikroskopisch zu beobachtenden Speichergranula. Weiters konnte gezeigt werden (Zapata *et al.*, 1969), daß durch Entleerung der Catecholamine nach Gaben von Reserpin die Funktionsfähigkeit des Glomus caroticum als Chemoreceptor zu arbeiten nicht eingeschränkt ist. Beide Beobachtungen sprechen für die Ansicht, die Catecholamine des Glomus caroticum wären für dessen Funktion als Chemoreceptor weder notwendig, noch würden sie während der Funktion des Chemoreceptors umgesetzt. Es erheben sich damit die Fragen nach der Bedeutung dieser Granula und ob die chromaffinen paraganglionären Zellen für den Chemoreceptor überhaupt von wesentlicher Bedeutung sind.

Vor allem die Tatsachen, daß Speichergranula in den Zellen zurückbleiben, wenn die Catecholamine durch Reserpingaben vollständig entleert werden, steht im Gegensatz zu dem an den Zellen des Nebennierenmarks beobachteten Verhalten. Sie weist darauf hin, daß nicht nur Catecholamine in den spezifischen Granula der chromaffinen paraganglionären Zellen gespeichert werden. Das beobachtete Verhalten nach Reserpingaben würde auch im Gegensatz zum Sekretionsmodus der Catecholamine stehen. Morphologische Beobachtungen (vgl. S. 35) lassen vermuten, daß der gesamte Granulainhalt durch Exocytose ausgeschleust wird. Dies würde für Catecholamine speichernde Granula gut mit dem für das Sekretionsgeschehen im Nebennierenmark (Douglas, 1968) oder in anderen paraganglionären Zellen (Böck, 1970) postulierten Mechanismus übereinstimmen; doch sollte unter diesem Gesichtspunkt eine vollständige Ausschüttung der Catecholamine auch mit einem vollständigen Verschwinden der Granula gekoppelt sein.

Mehrere Argumente sprechen dafür, die paraganglionären Zellen des Glomus caroticum in die Reihe der APUD-Zellen (Pearse, 1969) einzuordnen:

1. Primärer Gehalt an biogenen Aminen,

2. Aufnahme von deren Vorläufern (5-Hydroxytryptophan, DOPA; Chen und Yates, 1969),

3. Charakteristische Färbbarkeit der paraganglionären Zellen (Capella und Solcia, 1971),

4. Hohe unspezifische Esteraseaktivität (Fine, Enriquez und Morales, 1968).

Es würde sich damit bei der Gesamtheit der chromaffinen Zellen des Glomus caroticum um ein endokrines Organ handeln, welches das bislang hypothetische Peptidhormon Glomin produziert (Pearse, 1969).

Derartige Auffassungen führen dazu, den chromaffinen Zellen überhaupt keine Bedeutung für die Funktion des Chemoreceptors zuzuschreiben, es sei denn, das Peptidhormon wäre eine Transmittersubstanz, die bei der Stimulierung des Chemoreceptors freigesetzt wird. Die innige anatomische Beziehung von chromaffinen Zellen und receptorischen Axonendigungen in einem anatomisch definierten Organ wäre nur Zufall. Ein direkter Beweis dafür könnte nur dann geführt werden, wenn es z.B. gelänge, die chromaffinen Zellen selektiv aus dem Glomus caroticum zu entfernen und anschließend die Funktionstüchtigkeit des Chemoreceptors zu testen. Versuche, ein solches Modell zu erzeugen, z.B. die chromaffinen Zellen durch Gaben von 6-Hydroxydopamin zur Degeneration zu bringen, schlugen bisher fehl (Lassmann und Böck, 1972). Gegen die zuvor erwähnte Möglichkeit, ein in den Granula der paraganglionären Zellen gespeichertes hypothetisches Hormon wäre als Transmitter wirksam, spricht die elektronenmikroskopische Beobachtung unveränderter Glomuszellen bei maximaler Stimulierung des Chemoreceptors.

Allgemein wird angenommen, daß für das System des Chemoreceptors nicht nur die chromaffinen Zellen und Axonendigungen Voraussetzung seien, sondern auch das dichte Cypillarnetz und der besonders hohe Blutfluß. Nun werden paraganglionäre Zellen, die morphologisch völlig den chromaffinen Zellen im Glomus caroticum gleichen auch einzeln oder in Gruppen im Cervicalganglion verstreut, sowie in umgebenden Nerven, etwa im N. vagus gefunden (Chen und Yates, 1970; Siegrist *et al.*, 1968). Diesen chromaffinen Zellen fehlt zumindest die für das Glomus caroticum charakteristische Gefäßversorgung. Allgemein werden sie nicht als Chemoreceptoren gedeutet, sondern als endokrin wirksame Catecholamin speichernde und sezernierende paraganglionäre Zellen (Winckler, 1969). Dies läßt vermuten, daß zumindest ein Teil der Bauelemente des Chemoreceptors (chromaffine Zelle — Axonendigung — Capillaren), nämlich die paraganglionäre Zelle, isoliert vorkommen kann und wohl für sich allein zumindest teilweise und in anderer Form funktionstüchtig ist.

Diese Ausführungen über die Bedeutung der paraganglionären Zellen für den Chemoreceptor gelten jedoch nur mit Rücksicht auf den Gesichtspunkt chromaffine Zelle = Catecholaminspeicher Andere, hypothetische Funktionen der chromaffinen Zellen (z.B. als Acetylcholinspeicher; s. S. 69) müssen hier noch offen gelassen werden, da keine morphologischen Äquivalente bekannt sind.

II. Das Gefäßsystem des Glomus caroticum

Die Blutversorgung des Glomus caroticum der Maus wird von drei arteriellen Hauptzuflüssen gewährleistet. Diese entspringen von der A. carotis interna für das caudale Drittel des Organs, von der A. thyreoidea bzw. A. carotis externa für das mittlere Drittel und für das obere Drittel aus der A. occipitalis. Diese Arterien sind vom muskulären Typ. Sie ziehen in das Zentrum des Organs und zweigen sich von hier in Arteriolen auf, die nach kurzem Verlauf in die Capillaren des Glomusparenchyms übergehen. Diese sammeln sich an der Oberfläche des Glomus caroticum zu weiten Venen (vgl. Muratori, 1943).

Arteriovenöse Anastomosen, wie sie de Castro (1951) beschreibt, konnten nicht gefunden werden.

Setzt man den außerordentlich hohen Durchfluß und die geringe Sauerstoffdifferenz zwischen arteriellem und venösem Blut (Daly, Lambertsen und Schweitzer, 1954; Purves, 1970a, b) in Rechnung, gewinnt man nahezu den Eindruck, das Gefäßsystem des Glomus caroticum sei als Ganzes eine arteriovenöse Anastomose. Schnittserien durch das Glomus caroticum der Maus haben gezeigt, daß vor allem die Arterie für das mittlere Drittel des Organs in das Zentrum des Glomus caroticum zieht, um sich von dort nach peripher baumartig zu verteilen. Bei einer Abmessung des Querschnittes des Glomus caroticum in diesem Bereich von $150 \times 300\ \mu m$ (Abb. 8a), kann die Länge der Capillaren von den Arteriolen bis zu den oberflächlichen Venen auf Werte um 100 μm und weniger geschätzt werden. Dies ergibt bei Berücksichtigung des Capillardurchmessers von 10 μm eine Relation Länge zu Durchmesser von 10 : 1 und weniger für die gesamte Capillarstrecke.

Die beschriebenen Intimawülste bzw. klappenartigen Bildungen in den Arterien sind sicher nicht als Sperreinrichtungen zu deuten, sondern als hämodynamische Vorrichtungen, die bei Gefäßverzweigungen eine optimale Verteilung des Blutflusses auf die Tochtergefäße bewirkt. Sie zeigen keine auffallende Nervenversorgung und gleichen morphologisch den von Lassmann, Pamperl und Stockinger (1972) in der A. ophthalmica beschriebenen Intimawülsten.

Besonders stark ausgebildet sind die Arterienklappen bei der Abzweigung eines kleinen Gefäßes von einem wesentlich größeren, so z.B. an den Ursprüngen der das Glomus caroticum versorgenden Arterien von den Carotiden bzw. von der A. occipitalis. Würde in solchen Fällen nur eine Öffnung in der Wand das Stammgefäßes bestehen, so ist es gut vorstellbar, daß der rasch daran vorbeifließende Hauptstrom nur geringe Blutmengen in das Nebengefäß abgeben würde. Ist die Abzweigungsstelle dagegen von einer Manschette umgeben, welche den Gefäßabgang umfaßt, in das Lumen des Stammgefäßes ragt und zum Blutstrom hin offen ist, so wird dadurch ein optimaler Zufluß für das Tochtergefäß gewährleistet.

Nervenfasern konnten in den Klappen nicht nachgewiesen werden. Die Gefäßnerven sind auch in diesen Bereichen auf das Gebiet der Adventitia beschränkt. Dennoch wäre durch elektrotonische Koppelung der Muskelzellen der Media mit den verzweigten glatten Muskelzellen im Klappenstroma eine Exzitation der letzteren denkbar; es können auch morphologische Äquivalente einer solchen Kopplung zwischen Endothelzellen und glatten Muskelzellen der Arteriolen des Glomus caroticum nachgewiesen werden, wie es im Prinzip für die Arterienklappen ebenfalls denkbar ist.

Für den Gesamtfluß durch das Organ kann gelten (Purves, 1970a, b; Neil und O'Regan, 1969; Biscoe, Bradley und Purves, 1969):

1. Der Fluß ist etwa proportional dem Druck,
2. Sympathektomie steigert den Fluß,
3. Sympathicusstimulierung senkt den Fluß,
4. Stimulierung des peripheren Endes des durchschnittenen Sinusnerv steigert den Fluß.
5. Der letzte Effekt ist durch Atropin zu blockieren.

Diese Ergebnisse stimmen gut mit den konventionellen Vorstellungen zur Gefäßinnervation überein. Der elektronenmikroskopische und fluorescenzmikroskopisch-histochemische Nachweis von adrenergen und cholinergen Gefäßnerven läßt die Arteriolen des Glomus caroticum als Effektorgebiete dieser Gefäßinnervation annehmen.

In letzter Zeit konnten neue Anhaltspunkte für das Vorkommen arteriovenöser Anastomosen im Glomus caroticum der Katze gefunden werden (Keller, Schäfer und Lübbers, 1973). Die Autoren füllten das Gefäßsystem mit Technovit® und weisen arteriovenöse Verbindungen am Ausguß mit dem Rasterelektronenmikroskop nach. Vor allem die in dieser Publikation angekündigten histologischen Ergebnisse sind von Interesse, um auch über den Wandaufbau dieser arteriovenösen Kurzschlüsse Informationen zu erhalten. Die Existenz arteriovenöser Anastomosen wäre vor allem für regionäre Unterschiede der Durchblutung innerhalb des Glomus caroticum von Bedeutung. Solch regionär unterschiedlicher Blutfluß muß auf Grund der Ergebnisse von lokalen Messungen der Sauerstoffspannung im Glomusgewebe (Acker, Lübbers und Purves, 1971) oder auf Grund der Beobachtungen über die Ausschwemmung von Wasserstoff (Keller und Lübbers, 1972) gefordert werden.

Ein morphologisches Korrelat für die von Acker, Lübbers und Purves (1971) an der Oberfläche des Glomus caroticum gefundene Diffusionsbarriere für Sauerstoff konnte nicht nachgewiesen werden.

III. Die Verteilung eines Markierungsproteins

Die histochemische Lokalisation eines Markierungsfermentes von definierter Größe (MG 40000, Durchmesser etwa 55 Å) hat gezeigt, daß die Verteilung des Tracers im Interstitium des Glomus caroticum vom Gefäßsystem aus ungehindert erfolgt. Lamelläre Cytoplasmafortsätze der Bindegewebszellen oder der Hüllzellen des Glomusparenchyms setzen der Ausbreitung der Markierungssubstanz kein Hindernis entgegen. Die Peroxydase dringt in den mesaxonalen und periaxonalen Spaltraum markfreier Nerven ungehindert ein (Böck, Hanak und Stockinger, 1970). Sie diffundiert an den Stellen der Endigung des Perineuriums in den Endoneuralraum und verhält sich dort analog (Böck und Hanak, 1971).

Auffallend ist die Geschwindigkeit, mit der die Verteilung des Tracerproteins erfolgt. Bereits 3 min nach der intravenösen Injektion ist das Interstitium gefüllt. Die Peroxydase tritt durch die Fenestrae der Capillaren ungehindert aus (vgl. Clementi und Palade, 1969). Die Tatsache, daß in synaptischen Axonendigungen an den chromaffinen Zellen einzelne Bläschen mit Reaktionsprodukt gefunden werden, ist mit den Befunden von Zacks und Saito (1969) an motorischen

Endplatten vergleichbar. Der Befund kann neben den morphologischen Aspekten als Hinweis für eine efferente Innervation gelten.

Die perineuralen Lamellen größerer Nervenstämme und das Truncus sympathicus dagegen wirken während dieser Zeitspanne als Diffusionsbarriere (Klemm, 1970).

Die Verteilung des Markierungsfermentes zum Nachweis, daß keine Diffusionshindernisse zwischen Gefäßsystem und chromaffinen paraganglionären Zellen des Glomusparenchyms bestehen, kann natürlich nicht mit der Verteilung von O_2 verglichen werden. Vielmehr ist damit sicher nachgewiesen, daß ein von den paraganglionären Zellen sezerniertes Protein oder Polypeptid das Gefäßsystem erreicht, obwohl diese Zellen von Stützzellen, Basalmembranen und adventitiellen Hüllzellen umgeben sind. Die Molekulargewichte der Polypeptidhormone der APUD-Zellen liegen weit unter dem Molekulargewicht der Meerrettichperoxydase (z.B. Calcitonin: MG 3600).

IV. Das morphologische Äquivalent des Chemoreceptors

A. Erregung der afferenten Axonendigungen durch einen Transmitter

Die Auffassung, daß es sich bei den chromaffinen paraganglionärn Zellen des Glomus caroticum um die spezifischen Receptorzellen des Chemoreceptors handelt, stammt von de Castro (1928). War diese Interpretation vorerst nur von morphologischen Beobachtungen abgeleitet, so existieren nunmehr eine große Zahl physiologischer Befunde die darauf hinweisen, daß die Erregung der vom Chemoreceptor nach zentral führenden Axone nicht direkt erfolgt. Vielmehr wären die vorliegenden Ergebnisse dann am besten zu deuten, wenn eine Transmittersubstanz postuliert wird. Diese wird von einer primär empfindlichen Zelle — den Receptorzellen = chromaffinen Zellen — freigesetzt und erregt die Axonendigungen (zusammengefaßt bei Torrance, 1968, Eyzaguirre und Zapata, 1968).

Die wesentlichsten Hinweise dafür geben folgende Bobachtungen: Die bei Hypoxie im Sinusnerv registrierten Entladungen des Chemoreceptors sind abhängig vom Blutdruck. Findet man bei einem bestimmten Maß von Hypoxie und einem bestimmten Blutdruck eine erhebliche Entladungsfrequenz, so kann dieser Effekt durch Steigern des Blutdrucks wieder rückgängig gemacht werden (Lee, Mayou und Torrance, 1964). Offenbar hängt die Frequenz der vom Chemoreceptor ausgesandten Impulse unmittelbar von der Größe des Blutflusses im Receptororgan ab; wie jedoch Versuche mit Co-vergiftetem Blut gezeigt haben, nicht wegen der bei niederem Fluß wachsenden O_2-Differenz im arteriellen und venösen Stromgebiet des Glomus caroticum (Duke, Green und Neil, 1952). Weiters wurde beobachtet, daß die maximale Entladungsrate, die bei Stagnieren der Perfusion des Glomus caroticum auftritt, gesenkt werden kann, wenn mit Salzlösungen perfundiert wird, die mit N_2 gesättigt sind und eine CO_2-Spannung von 40 mm Hg aufweisen (Neil und Joels, 1963). So scheint nicht ein vom geringen Fluß resultierender Mangel an Substanzen Ursache der steigenden Entladungsfrequenz zu sein, sondern der mangelhafte Abtransport einer Substanz, die bei niederem Fluß akkumuliert: der postulierten Transmittersubstanz (Eyzaguirre, Koyano und Taylor, 1965). Diese ist in den Receptorzellen (chromaffinen Zellen) gespeichert und kann, sobald sie freigesetzt ist, ungehindert diffundieren: zu den Axonendigungen, welche sie erregt, und zu den Gefäßen, über welche sie abtransportiert wird.

Tatsächlich sollte man annehmen, daß die lagemäßige Beziehung zwischen den Receptorzellen und den für die Transmittersubstanz empfindlichen Nerven nicht so innig wäre wie im Falle einer Synapse oder motorischen Endplatte, wenn der Abdiffusion des Transmitters in die Blutbahn so wesentliche Bedeutung zukommt. Dies gilt jedoch nur, wenn die Transmittersubstanz nicht sofort wieder aus dem Extracellulärraum entfernt wird, sei es durch Rückresorption in die Speicherzelle, sei es durch fermentative Spaltung. In der vorliegenden Untersuchung wurde gezeigt, daß der gesamte Extracellulärraum des Glomus caroticum vom Gefäßsystem aus für ein Markierungsprotein (MG 40000) diffusibel ist. Zacks und Saito (1969) wiesen die Diffusibilität des synaptischen Spaltraumes der motorischen Endplatten für dasselbe Protein nach. Daß dennoch im Falle des Glomus caroticum ein Auswascheffekt wirksam werden sollte, kann nur durch das Fehlen eines Mechanismus, der den freigesetzten Transmitter beseitigt, erklärt werden.

Von den diskutierten Transmittersubstanzen (Torrance, 1968) sollen im folgenden nur die zwei wesentlichsten erwähnt werden: Acetylcholin und Catecholamine.

1. *Acetylcholin als Transmitter*

Im Glomus caroticum läßt sich ein relativ hoher Gehalt an Acetylcholin von 25 µg/g nachweisen (Eyzaguirre, Koyano und Taylor, 1965); weiters scheint der Gehalt an spezifischer Acetylcholinesterase im Glomus caroticum gering (Koelle, 1950, 1951). Beide Tatsachen sind Voraussetzungen dafür, daß die hypothetische Transmittersubstanz in genügender Menge freigesetzt werden kann, bzw. akkumuliert, wenn ihre Ausschwemmung über das Gefäßsystem verhindert wird.

Diesen günstigen Bedingungen steht gegenüber, daß die unbestritten erregende Wirkung von injiziertem Acetylcholin (Heymans und Neil, 1958) nicht spezifisch sein muß. Acetylcholin erregt Nervenendigungen, auch wenn keine synaptischen Strukturen vorliegen. Es wäre ferner denkbar, daß Acetylcholin auf die Receptorzellen wirkt (welche ja auch synaptisch efferent innerviert sind), um von dort eine weitere wirksame Substanz freizusetzen; doch es liegen Beobachtungen vor, die gegen eine solche Annahme sprechen (Eyzaguirre und Koyano, 1965c). Zuletzt muß auch die Möglichkeit in Betracht gezogen werden, daß Acetylcholin in unspezifischer Weise die Reizschwelle des Receptors herabsetzt, eines Receptors, der normalerweise unabhängig von Acetylcholin arbeitet. Dafür könnte auch sprechen, daß ein kurzes Spülen mit acetylcholinhältigem Perfusat ein durch N_2 oder Cyanid bis zur Erschöpfung gereiztes Glomus caroticum wieder zu länger dauernder Funktion bringt (Eyzaguirre und Koyano, 1965b).

2. *Catecholamine als Transmitter*

Über die Wirkung von Adrenalin (und Noradrenalin) auf die Entladungsfrequenz des Chemoreceptors liegen unterschiedliche Angaben vor. Während Eyzaguirre und Koyano (1965b) keine Effekte feststellen können, berichtet Biscoe (1963), zumindest bei Verabreichung geringer Dosen von Adrenalin über eine

Steigerung der Entladungsfrequenz. Allerdings ist die Interpretation dieser Effekte schwierig, da durch Vasoconstriktion und Herabsetzung des Flusses indirekt ähnliche Effekte erzielt werden können.

Es wäre nun denkbar, daß vor allem Dopamin und nicht Adrenalin oder Noradrenalin als Transmittersubstanz in Frage kommt. So liegen auch Befunde vor, daß das Glomus caroticum in erster Linie Dopamin speichert (vgl. Tabelle 1). Dieser Frage ging eine Gruppe japanischer Autoren (Ishii und Ishii 1967, Honda und Ishii, 1966; Ishii Ishii, und Honda, 1966) nach und fand, daß die Entladungsfrequenz vom Carotislabyrinth der Kröte — welches dem Glomus caroticum der Säugetiere entspricht — durch Dopamin gesteigert wird.

B. Direkte Erregung markfreier Axonendigungen

Wie schon auf S. 8 erwähnt, gibt es Anhaltspunkte, daß markfreie Axonendigungen selbst als Chemoreceptoren fungieren (Biscoe und Taylor, 1963; Biscoe 1971). Wesentliche Voraussetzung dafür ist, daß solche Axonendigungen eine hohe Relation Membranoberfläche/Axoplasma aufweisen, also möglichst dünn sind. Ein Abfall der Sauerstoffspannung würde die Kapazität der Na-Pumpe der Membran einengen, wodurch es zum Verlust von K^+ in die interstitielle Flüssigkeit und damit zur Depolarisation der Membran käme. Wirksam wäre der Mechanismus nur, wenn genügend dünne (d.h. mit wenig Cytoplasma-Kaliumreserve) versehene Axone vorliegen. Ein numerisches Beispiel dazu wird von Biscoe (1971, p. 463f.) gegeben. Wesentlich wäre, daß sich die Axone in einer Region mit niedriger Sauerstoffspannung befinden, so daß die von den Mitochondrien gelieferte ATP-Menge proportional zur Sauerstoffspannung ist.

Eine Sensibilisierung würde ein derartiges System erfahren, wenn ATP erst von entfernt gelegenen Mitochondrien zu den dünnen Axonabschnitten diffundieren müßte, oder aber, wenn das zur Diskussion stehende Volumen der Axone verkleinert wird, etwa durch Abtrennung oder Einlagerung von Partien, welche keine K^+ enthalten oder austauschen.

Auf Grund der theoretischen Überlegungen muß gefordert werden, daß die markfreie Endstrecke eines myelinisierten Axons bei 0,2 µm Durchmesser bis 100 µm lang wäre (Biscoe, 1971) und wahrscheinlich um chromaffine Zellen gewickelt ist, wie es bereits von de Kock und Dunn (1966) postuliert wurde. Diese Axonendigung ist von Typ II-Zellen umhüllt, die Aufgabe der chromaffinen Zellen wäre eine Kontrolle des Systems über efferente Wege des Sinusnerven (Sampson und Biscoe, 1970). Eine weitere Beeinflussung ist durch die sympathische Innervation der Gefäße und die damit mögliche Steuerung des Blutflusses möglich. Schließlich wären dann nur noch die Qualitäten der Axonendigungen selbst und die Sauerstoffspannung wirksam.

H^+ würden ebenso direkt an der Axonendigung wirken, ebenso CO_2 durch die entstehende Acidität.

C. Die Erregung des Receptors

Die spezifischen Reize für die Erregung des Chemoreceptors im Glomus caroticum ist das Absinken des PO_2, das Ansteigen des PCO_2 und das Sinken des pH im arteriellen Blut. Es erhebt sich damit die Frage, ob ein Receptor auf drei verschiedene Reize anspricht, oder ob für jeden Reiz ein eigener Receptortyp vorliegt oder ob alle drei Reizformen über einen gemeinsamen Mechanismus eine Receptorstruktur erregen. Der letzte Fall wäre z.B. denkbar durch H^+, welche in jedem der drei Fälle angereichert werden: Bei O_2-Mangelversorgung durch die steigende Glykolyse und Milchsäurebildung, durch steigenden PCO_2 oder sinkenden pH auf direktem Weg. Nimmt man primär die Freisetzung einer Transmittersubstanz durch den physiologischen Reiz an, so lautet die Frage: welcher Mechanismus bewirkt die Freisetzung des Transmitters? Für den Fall, daß nur ein Transmitter angenommen wird, wird gleichzeitig auch vorausgesetzt, daß alle drei Reizformen die Freisetzung ein und desselben Transmitters bewirken, wahrscheinlich auch von einem einzigen Speicher (= Receptorzelle).

Blockiert man im Chemoreceptor Reaktionsschritte, welche zur ATP-Synthese führen (Anichkov und Belen'Kii, 1963), kommt es zur Erregung des Organs, und zwar sowohl bei Vergiftung des oxydativen als auch des glykolytischen Weges. So kann allgemein angenommen werden, daß das Sinken des ATP-Spiegels der wesentliche Punkt bei der Entstehung der nach zentral laufenden Impulse ist (Torrance, 1968) sei es, daß daraufhin eine Transmittersubstanz freigesetzt wird, sei es, daß eine Axonendigung direkt depolarisiert wird.

D. Die Nervenbeziehungen der chromaffinen Zellen

1. Efferente Synapsen

Seit der Einführung der Hypothese, daß die chromaffinen paraganglionären Zellen des Glomus caroticum Receptorzellen seien (de Castro, 1928), haben sich naturgemäß die Beobachtungen bei elektronenmikroskopischen Untersuchungen auf die direkten Kontakte der chromaffinen Zellen mit Axonendigungen konzentriert.

Schon bei den ersten Untersuchungen (Ross, 1959; Lever, Lewis und Boyd, 1959) werden Nervenendigungen an Glomuszellen abgebildet. Es kann als gesichert gelten, daß an den Glomuszellen spezialisierte Axonendigungen — Synapsen — dargestellt werden können. Alle morphologischen Anhaltspunkte sprechen dafür, daß es sich dabei um efferente Synapsen handelt, d.h. die chromaffine Zelle ist der postsynaptische Teil der Struktur (Biscoe und Stehbens, 1965, 1966; Böck, Stockinger und Vyslonzil, 1970).

Für das Vorliegen einer efferenten Innervation der chromaffinen Zellen spricht auch die Beobachtung, daß nach elektrischer Stimulierung des Sinusnerven in den Speichergranula der chromaffinen Zellen eine Abnahme der Elektronendichte des Inhalts gefunden wird (Chen, Yates und Duncan, 1969).

2. Die Nervenversorgung des Glomus caroticum

Nach der Durchtrennung des Sinusnerv degenerieren Axone an den chromaffinen Zellen des Glomus caroticum (Biscoe und Stehbens, 1967; de Castro, 1926; Hess, 1968). Allerdings finden Biscoe und Stebens (1967) auch noch 3 Monate nach der Durchtrennung des Sinusnerv axonartige Strukturen. Diese Beobachtung könnte eine Erklärung finden, wenn man die Möglichkeit einer Innervation über den N. laryngeus superius in Betracht zieht, wie sie in der vorliegenden Untersuchung für das Glomus caroticum der Maus beschrieben wird (vgl. S. 15, 17). Es kann sich dabei sowohl um Anteile des N. vagus handeln, als auch um Partien des N. glossopharyngeus, die den Verlauf des N. vagus über Anastomosen erreicht haben. Die Beobachtung eines vom N. laryngeus superius zum Glomus caroticum ziehenden Nerven schränkt auch die Bedeutung der von Zapata, Hess und Eyzaguirre (1969) berichteten Versuche ein: Die Autoren konnten nach Durchtrennung des Sinusnerv und Fixieren des proximalen Stumpfes des N. laryngeus superius an das distale Ende des Sinusnerv eine chemoreceptorisch funktionstüchtige Reinnervation des Glomus caroticum erzielen. Sie interpretieren dieses Ergebnis als Nachweis, daß ein im Chemoreceptor freigesetzter Transmitter (Acetylcholin) unspezifische Nervenendigungen erregt.

Besondere Beachtung ist den Ergebnissen nach intracranieller Durchtrennung des N. glossopharyngeus zu schenken (Biscoe, Lall und Sampson, 1970). Die Axonendigungen an den Glomuszellen degenerieren langsam; 2 Monate nach der Operation werden nur noch außerordentlich wenig intakte Axonendigungen gefunden. Trotzdem aber können vom Sinusnerv chemoreceptorische Impulse abgeleitet werden.

Diese Ergebnisse lassen schließen, daß Axonendigungen an den paraganglionären Zellen für die Funktionstüchtigkeit des Chemoreceptors keine Voraussetzung sind.

3. *Afferente Synapsen*

Allgemein wurde weniger eine efferente, als eine afferente synaptische Verbindung zwischen Glomuszellen und Axonen gesucht. Zusammenfassend kann gesagt werden, daß alle in diesem Zusammenhang abgebildeten Strukturen, die als afferente Synapse interpretiert wurden, nicht überzeugen können (Al-Lami und Murray, 1968a; Ishii und Oosaki, 1966, 1969; Kobayashi, 1971b; Kobayashi und Uehara, 1970).

4. *Receptorische Axonendigungen*

In der vorliegenden Untersuchung wurde versucht, Axonabschnitte entlang den Oberflächen chromaffiner Zellen mit Dimensionen, wie sie von Biscoe (1971) als geeignet für Receptoren postuliert wurden (s. S. 70) aufzufinden. Abb. 28 zeigt den Anschnitt einer Axonendigung, welche an der Oberfläche einer chromaffinen Zelle über eine Strecke von etwa 26 µm verläuft. Die Dicke des Axonanschnittes schwankt zwischen 0,5 und 2 µm. Es wäre unwahrscheinlich, mehrere solcher Axonanschnitte zu finden, wenn es sich dabei um zylindrische Profile handelt. Vielmehr ist anzunehmen, daß diese Form der Axonendigung an chromaffinen Zellen spatelförmig ist. Weiters läßt die Beobachtung von mehreren weitläufigen Anschnitten an der Oberfläche einer Zelle oder eines Zellkomplexes (Abb. 28) vermuten, daß es sich um gelappte oder gar fingerförmig aufgezweigte Endigungen handelt.

Diese Axonendigungen sind mit fleckförmigen, desmosomenartigen Strukturen an den Oberflächen der chromaffinen Zellen fixiert. Sie enthalten nur wenige Mitochondrien und Neurotubuli sowie einige Vesikel von der Dimension synaptischer Bläschen. Weiters beobachtet man mit Akanthosomen besetzte Pinocytosebläschen, welche der Oberfläche der chromaffinen Zellen zugekehrt sind.

Es ist anzunehmen, daß bei günstigerer Schnittführung oder dreidimensionaler Rekonstruktion elektronenmikroskopischer Schnittserien eine noch größere Ausdehnung der beschriebenen Axonendigungen an der Oberfläche chromaffiner Zellen erkennbar wäre. Weiters ist noch eine Strecke des Axonverlaufes in der Hüllzelle bis an die Endstruktur in Rechnung zu stellen, so daß die Endigungen beträchtliche Ausdehnungen besitzen müssen. Die Annahme einer Länge von mehr als 35 μm bei einer Dicke von 1—2 μm dürfte wohl nicht übertrieben sein; um die Breite der Struktur abzuschätzen, liegen keine Anhaltspunkte vor.

Die wenigen Vesikel ohne elektronendichten Inhalt in den Axonendigungen, deren Durchmesser um 500 Å schwankt, müssen nicht unbedingt synaptische Bläschen im Sinne von Acetylcholinspeicher sein. Derartige Vesikel findet man häufig in sensorischen Nervenendigungen, z. B. auch bei intraepidermalen Axonendigungen (Cauna, 1969). Die Bläschen könnten als Acetylcholinspeicher gedeutet werden, doch liegt dazu kein zwingender Grund vor.

Bei den in den Axonendigungen vorkommenden Mitochondrien muß es sich nicht unbedingt um voll funktionsfähige Zellorganellen handeln. Hajós (1971) konnte z. B. zeigen, daß Mitochondrien in Axonendigungen histochemisch keine Succinatdehydrogenaseaktivität mehr nachweisen lassen, während die daneben gelegenen Mitochondrien der postsynaptischen Strukturen stets positive Reaktion zeigen. So wäre es auch hier denkbar, daß die Mitochondrien der Axonendigungen bereits Enzymdefekte aufweisen. Dies wäre im Sinne einer auf S. 70 erwähnten Sensibilisierung des Receptors, wenn ATP an die Membran der Axonendigung über eine weitere Strecke herandiffundieren müßte. In dieser Frage sind weitere histochemische Untersuchungen nötig.

So auffällig diese Axonendigungen auch sind, weisen doch die Beobachtungen von Biscoe, Lall und Sampson (1970), darauf hin, daß intakte Axonendigungen an der Oberfläche der chromaffinen Zellen für die Funktion des Chemoreceptors nicht notwendig sind. Sie bleiben wohl vom morphologischen Gesichtspunkt bemerkenswert und auffällig, verlieren durch die erwähnten Ergebnisse jedoch an Bedeutung.

Nimmt man als Receptor eine markfreie Axonendigung an (Biscoe, 1971) und setzt voraus, daß nur eine intakte Struktur funktionsfähig ist, so sind die receptorischen Axonendigungen offenbar nicht an den chromaffinen Zellen gelegen. Markfreie Axone in Schwannschen Zellen oder Hüllzellen bleiben als Kandidaten für die Receptorfunktion. Dabei ist nach der geringen Anzahl von Axonen in den Hüllzellen zu schließen, daß wahrscheinlich in der Nähe des Glomusparenchyms, z. B. im Interstitium oder an Gefäßen verlaufende markfreie Axone den Receptoren entsprechen. Tatsächlich sind diese Axone auch wesentlich dünner als die im Glomusparenchym gelegenen Axone, enthalten kaum Mitochondrien und scheinen frei zu endigen (vgl. Abb. 41 und 42). Die außerordentlich zahlreich im Interstitium des Glomus caroticum gelegenen morphologisch unauffälligen markfreien Axone als Receptoren zu interpretieren, wurde bereits bei Untersuchungen am Glomus caroticum des Menschen vorgeschlagen (Böck, Stockinger und Vyslonzil, 1970). Für eine funktionelle Interpretation der auffälligen, mit Mitochondrien gefüllten Axonauftreibungen (Kondo, 1971; Böck, Stockinger und Vyslonzil, 1970; Verna, 1971) liegen keine Anhaltspunkte vor.

Zusammenfassung

Das Glomus caroticum der Maus ist der ventralen Seite des Ganglion cervicale superius unmittelbar angelagert. Es erhält arterielles Blut aus drei Gefäßen: Eine Arterie aus der A. carotis interna versorgt das caudale Drittel des Organs, eine Arterie aus der A. carotis externa bzw. aus der A. thyreoidea superior versorgt das mittlere Drittel und eine Arterie aus der A. occipitalis das craniale Drittel. Zum Glomus caroticum ziehen Nerven aus dem oberen Cervicalganglion, sowie ein Ast des N. glossopharyngeus („Sinusnerv") und ein Ast des N. laryngeus superius.

Das Parenchym des Glomus caroticum wird von zwei Zellarten aufgebaut, die zu epitheloiden Zellsträngen oder Zellballen zusammengelagert sind:

Typ I-Zellen (chromaffine Zellen, paraganglionäre Zellen, Glomuszellen) sind rund bis oval; ihr Durchmesser beträgt 10—15 μm. Sie besitzen einen runden, locker strukturierten Kern mit deutlichen Nucleolen.

Typ II-Zellen (Hüllzellen, Stützzellen) sind durch einen kleineren, ovalen, dichter strukturierten Kern gekennzeichnet. Sie umhüllen eine oder mehrere der chromaffinen Zellen mit dünnen, lamellären Cytoplasmafortsätzen.

Dicht an den Parenchyminseln sind zahlreiche dünnwandige Capillaren gelegen. Das Interstitium des Glomus caroticum ist durch lamelläre Cytoplasmafortsätze von Fibrocyten gekammert. Diese Zellfortsätze ordnen sich an Arterien oder an der Oberfläche der Parenchyminseln zu parallel verlaufenden Lamellen, entsprechend einer adventitiellen Bindegewebshülle. Bei Aufzweigungsstellen von Arteriolen sind klappenartige Intimabildungen zu finden. Diese werden nicht als Sperreinrichtungen interpretiert, sondern als hämodynamische Vorrichtungen zur gleichmäßigen Verteilung des Blutstroms auf die Tochtergefäße.

Histochemisch ist mit der Methode der formaldehydinduzierten Fluorescenz eine intensive Bespeicherung der chromaffinen Zellen mit Catecholaminen nachzuweisen. Die Arteriolen im Glomus caroticum besitzen einen ausgeprägten adrenergen Gefäßplexus. Im Interstitium sind nur wenige, gelb fluorescierende Mastzellen gelegen.

Elektronenmikroskopisch ist das Cytoplasma der chromaffinen Zellen durch membranbegrenzte Speichergranula mit elektronendichtem Inhalt charakterisiert. Daneben werden die anderen Zellorganellen in unauffälliger Anzahl und Verteilung gefunden: Mitochondrien vom Crista-Typ, kurze Profile des rauhen endoplasmatischen Retikulums, Golgiareale und Centriolen bzw. intracelluläre Flimmerhaare. Nach der Menge der freien Ribosomen im Grundplasma lassen sich mitunter „helle" und „dunkle" Zellen unterscheiden.

Die Speichergranula der chromaffinen Zellen sind von einer dreischichtigen Einheitsmembran begrenzt; ihr Durchmesser schwankt zwischen 800 und 1200 Å. Im Inneren des Bläschens, durch einen etwa 150 Å breiten Spaltraum von der begrenzenden Membran getrennt, liegt ein unterschiedlich elektronendichter Kern. Zwischen „dicht" und „nicht dicht" der Granula werden alle Übergangsformen in einer chromaffinen Zelle beobachtet. Daneben findet man in derselben Zelle größere, bis 2400 Å messende, gleichfalls sphärische Bläschen, bei denen der Spaltraum zwischen elektronendichtem Inhalt und begrenzender Membran ausgeweitet ist. Auch elliptische und unregelmäßig geformte Speichervesikel werden beobachtet.

An den chromaffinen Zellen des Glomus caroticum können typische Synapsen dargestellt werden, wobei die Glomuszellen den postsynaptischen Teil repräsentieren. Daneben werden nichtsynaptische Beziehungen zwischen Axonen und Oberflächen chromaffiner Zellen beobachtet, die häufig ungewöhnlich ausgedehnt sind. In einem demonstrierten Fall verläuft ein Axon über eine Strecke von 26 μm an der Oberfläche einer Glomuszelle.

Die Typ II-Zellen des Glomusparenchyms entsprechen morphologisch Schwannschen Zellen. Sie umhüllen chromaffine Zellen und markfreie Axone mit dünnen Cytoplasmafortsätzen. Gegen das Interstitium bilden sie eine Basalmembran aus.

Das Perineurium von Nerven, die zu den Parenchyminseln des Glomus caroticum ziehen, setzt sich über das Parenchym eine Strecke weit fort. Es verliert dabei sein dichtes Gefüge und geht in die adventitielle Bindegewebshülle über. In diesem Bereich verlieren die perineuralen Zellen ihre Basalmembranen.

Drei Minuten nach der intravenösen Injektion von Meerrettichperoxydase ist das Markierungsferment gleichmäßig im Interstitium des Glomus caroticum verteilt. Das Perineurium größerer Nervenstämme wirkt als Diffusionsbarriere. Die Peroxydase beginnt in der erwähnten Zeitspanne zwischen die chromaffinen Zellen zu diffundieren und kann in Pinocytosebläschen der Glomuszellen sowie in Vesikeln in synaptischen Axonendigungen nachgewiesen werden.

Die Bedeutung der spezifischen Speichergranula in den chromaffinen Zellen als Catecholamin-Speicher wird diskutiert. Aus der Beobachtung, daß sich nach Gaben von Reserpin keine Catecholamine, wohl aber Speichergranula in den chromaffinen Zellen nachweisen lassen, wird geschlossen, daß es sich um fakultative Speicherorganellen für Catecholamine handelt. Entsprechend der Auffassung von Pearse (1969) wird vorgeschlagen, die chromaffinen Zellen des Glomus caroticum zu den Zellen der APUD-Serie zu rechnen. Die beschriebene Verteilung eines Markierungsproteins vom MG 40000 zeigt, daß ein von den chromaffinen Zellen sezerniertes Peptidhormon das Gefäßsystem durch Diffusion erreichen könnte. Die Umhüllung der Glomuszellen durch Cytoplasmafortsätze der Typ II-Zellen und deren Basalmembranen bildet kein Diffusionshindernis.

Für die Funktion des Glomus caroticum als Chemoreceptor scheinen weder die gespeicherten Catecholamine noch intakte Axonendigungen an den Glomuszellen wesentlich zu sein. Es wird angenommen, daß markfreie Axonendigungen das morphologische Äquivalent des Chemoreceptors darstellen (Biscoe, 1971), wie sie auffallen zahlreich im Interstitium des Glomus caroticum gelegen sind.

Summary

The Carotid Body of the Mouse

Anatomy, Histology, Ultrastructure and Distribution of Intravenously Injected Horseradish Peroxidase

Anatomy: The carotid body of the mouse is contiguous to the ventral surface of the superior cervical ganglion. Three arteries supply the organ: a branch from the internal carotid artery to the caudal part, a branch from the external carotid artery or from the superior thyreoid artery to the middle part and an artery from the occipital artery to the cranial part. The following nerves reach the carotid body: branches of the superior cervical ganglion, one branch of the glossopharyngeal nerve (sinus nerve) and one branch of the superior laryngeal nerve.

Light microscopy. The organ-specific tissue is composed of two cell types which are accumulated to epitheloid clusters.

Type I-cells (chromaffine cells, chief cells, paraganglionic cells) are of round or oval shape. Their diameters range from 10 to 15 μm. They possess a round nucleus with loose chromatin and one or more prominent nucleoli.

Type II-cells (enveloping cells, sustentacular cells) are characterized by a smaller, oval shaped nucleus with dense chromatin. One or more type I-cells are enveloped by lamellar cytoplasmic processes of type II-cells.

Numerous capillaries are close to the organ specific tissue. The cytoplasmic processes of fibrocytes are arranged to parallel lamellae which cover the surfaces of blood vessels and clusters of specific tissue. Valve like structures are found in arteries, where they divide. These structures are interpreted as appropriate arrangements for the partition of the blood stream and not as occluding mechanisms.

Fluorescence histochemistry. The chromaffine cells are shown to store catecholamines by means of the histochemical method of formaldehyde induced fluorescence. Arteries, situated within the carotid body, possess a well developed adrenergic nerve plexus. Only a few mast cells with yellow fluorescence are found in the interstitial tissue.

Electron microscopy. The cytoplasm of type I-cells is characterized by numerous membrane bound storage vesicles with electron dense core. Other cell organelles are conspicuous in number and distribution: mitochondria, small parts of rough endoplasmic reticulum, Golgi areas and centrioles or intracellular cilia. With respect to the number of free ribosomes "clear" and "dark" cells are to be distinguished.

The storage vesicles of chromaffine cells are limited by an unit membrane. Their diameters range from 800 to 1200 Å. The vesicles contain a core of varying electron density which is separated from the limiting membrane by a gap, 150 Å wide. Various kinds of vesicles with cores which range from "dense" to "not dense" are found within one chromaffine cell. Beside of these storage vesicles a second group of greater vesicles is found. The latter measure up to 2400 Å in diameter and show wide gaps between the limiting membranes and their cores. These cores show also varying electron density. In addition to spherical vesicles other vesicles of elliptical or irregular shape are found.

Characteristic synaptic axon terminals can be demonstrated at the surface of chromaffine cells, the type I-cell being the postsynaptic part. In addition, a second type of axon terminals exists at the surface of chromaffine cells. These contact areas are unusual wide (up to 26 μm), and no accumulation of synaptic vesicles is found in the axoplasm of such terminals.

Type II-cells morphologically correspond to Schwann cells. The chromaffine cells and nonmyelinated axons are enveloped by cytoplasmic processes of these cells. Type II-cells possess basement membranes.

The clusters of specific tissues are covered partly by the perineurial sheath of nerves, which approach them. In this regions the perineurial cells lose their basement membranes. The perineurium continually turns into the parallel lamellae of connective tissue cells.

The distribution of a marker enzyme. Horseradish peroxidase is found homogeneously distributed in the extracellular space of the carotid body three min after the intravenous injection of the marker protein. The tracer diffuses into the spaces between the chromaffine cells and is found in pinocytotic vesicles and cytoplasmic vacuoles of type I-cells as well as in vesicles within synaptic axon terminals.

Conclusions. The functional interpretation of the storage granules within chromaffine cells is discussed. It is concluded that these organelles represent optional catecholamine storage vesicles. This conclusion is drawn from the fact that after administration of reserpine the carotid body is found to be free of catecholamines while the chromaffine cells still contain their specific granules. Corresponding to the view of Pearse (1969) it is discussed that the chromaffine cells of the carotid body may belong to the APUD-series of peptide hormone producing cells. The distribution of a defined marker enzyme (horseradish peroxidase, MW 40000) gives evidence that a peptide hormone secreted by type I-cells of the carotid body would reach the blood vessels by diffusion. Cytoplasmic processes of type II-cells and their basement membranes do not act as a diffusion barrier.

There is no evidence that catecholamines, stored in chromaffine cells, or intact axonal terminals at the surfaces of chromaffine cells are essential for the function of the chemoreceptor organ. It is assumed that nonmyelinated axons which are frequently found in the interstitial space of the carotid body represent the morphological correlate of the chemoreceptor (Biscoe, 1971).

Literatur

Acker, H., Lübbers, D. W., Purves, M. J.: Local oxygen tension field in the glomus caroticum of the cat and its change at changing arterial PO_2. Pflügers Arch. **329**, 136—155 (1971).

Adams, W. E.: The comparative morphology of the carotid body and the carotid sinus. Springfield, Ill.: Thomas 1958.

Al-Lami, F., Murray, R. G.: Fine structure of the carotid body of *Macaca mulatta* monkey. J. Ultrastruct. Res. **24**, 465—478 (1968a).

Al-Lami, F., Murray, R. G.: Fine structure of the carotid body of normal and anoxic cats. Anat. Rec. **160**, 697—718 (1968b).

Anichkov, S. V., Belen'kii, M. L.: Pharmacology of the carotid body chemoreceptors. London: Pergamon 1963.

Arnold, J.: Über die Struktur des Ganglion intercaroticum. Virchows Arch. path. Anat. **33**, 190—209 (1865).

Biscoe, T. J.: Some effects of drugs on the isolated superfused carotid body. Nature (Lond.) **208**, 294—295 (1963).

Biscoe, T. J.: Carotid body: structure and function. Physiol. Rev. **51**, 437—495 (1971).

Biscoe, T. J., Bradley, G. W., Purves, M. J.: The relation between carotid body chemoreceptor activity and carotid sinus pressure in the cat. J. Physiol. (Lond.) **203**, 40 P (1969).

Biscoe, T. J., Lall, A., Sampson, S. R.: Electron microscopic and electrophysiological studies on the carotid body following intracranial section of the glossopharyngeal nerve. J. Physiol. (Lond.) **208**, 133—152 (1970).

Biscoe, T. J., Stehbens, W. E.: Electron microscopic observations on the carotid body. Nature (Lond.) **208**, 708—709 (1965).

Biscoe, T. J., Stehbens, W. E.: Ultrastructure of the carotid body. J. Cell Biol. **30,** 563—578 (1966).

Biscoe, T. J., Stehbens, W. E.: Ultrastructure of the denervated carotid body. Quart. J. exp. Physiol. **52,** 31—36 (1967).

Biscoe, T. J., Taylor, A.: The discharge pattern recorded in chemoreceptor afferent fibres from the cat carotid body with normal circulation and during perfusion. J. Physiol. (Lond.) **168,** 332—344 (1963).

Blümcke, S., Rode, J., Niedorf, H. R.: The carotid body after oxygen deficiency. Z. Zellforsch. **80,** 52—77 (1967).

Böck, P.: Die Feinstruktur des paraganglionären Gewebes im Plexus suprarenalis des Meerschweinchens. Z. Zellforsch. **105,** 389—404 (1970).

Böck, P.: Adsorption of horseradish peroxidase to negatively charged groups. Acta histochem. (Jena) **43,** 8—14 (1972).

Böck, P., Hanak, H.: Die Verteilung exogener Peroxydase im Endoneuralraum. Histochemie **25,** 361—371 (1971).

Böck, P., Hanak, H., Stockinger, L.: The permeation of exogenous protein into mesaxonal and periaxonal space. An electron microscopic study on unmyelinated nerves using horseradish peroxidase as a tracer. J. Submicr. Cytol. **2,** 189—192 (1970).

Böck, P., Lassmann, H.: Histochemische Untersuchungen über die Reserpinwirkung am Glomus caroticum (Ratte). Anat. Anz., Erg.-H. zu **130** im Druck (1973).

Böck, P., Stockinger, L., Vyslonzil, E.: Die Feinstruktur des Glomus caroticum beim Menschen. Z. Zellforsch. **105,** 543—568 (1970).

Capella, C., Solcia, E.: Optical and electron microscopical study of cytoplasmic granules in human carotid body, carotid body tumours and glomus jugulare tumours. Virchows Arch. Abt. B **7,** 37—53 (1971).

Castro, F. de: Sur la structure et l'innervation de la glande intercarotidienne (Glomus caroticum) de l'homme et des mammifères, et sur un nouveau système d'innervation autonome du nerf glossopharyngien. Études anatomiques et experimentales. Trab. Lab. Invest. Biol. Univ. Madrid **24,** 365—432 (1926).

Castro, F. de: Sur la structure et l'innervation du sinus carotidien de l'homme et des mammifères. Nouveaux faits sur l'innervation et la fonction du glomus caroticum. Études anatomiques et physiologiques. Trab. Lab. Invest. Biol. Univ. Madrid **25,** 331—380 (1928).

Castro, F. de: Sur la structure de la snyapse dans les chémorecepteurs; leur méchanism d' excitation et rôle dans la circulation sanguine locale. Acta physiol. scand. **22,** 14—43 (1951).

Cauna, N.: The fine morphology of the sensory receptor organs in the auricle of the rat. J. comp. Neurol. **136,** 81—98 (1969).

Chen, I-Li, Yates, R. D.: Electron microscopic radioautographic studies of the carotid body following injections of labelled biogenic amine precursors. J. Cell Biol. **42,** 794—803 (1969).

Chen, I-Li, Yates, R. D.: Ultrastructural studies of vagal paraganglia in syrian hamsters. Z. Zellforsch. **108,** 309—323 (1970).

Chen, I-Li, Yates, R. D., Duncan, D.: The effects of reserpine and hypoxia on the amine-storing granules of the hamster carotid body. J. Cell Biol. **42,** 804—816 (1969).

Chiocchio, S. R., Biscardi, A. M., Tramezzani, J. H.: Catecholamines in the carotid body of the cat. Nature (Lond.) **212,** 834—835 (1966).

Chiocchio, S. R., King, M. P., Angelakos, E. T.: Carotid body catecholamines. Histochemical studies on the effects of drug treatments. Histochemie **25,** 52—59 (1971).

Chiocchio, S. R., King, M. P., Carballo, L., Angelakos, E. T.: Monoamines in the carotid body of the cat. J. Histochem. Cytochem. **19,** 621—626 (1971).

Clementi, F., Palade, G. E.: Intestinal capillaries. I. Permeability to peroxidase and ferritin. J. Cell Biol. **41,** 33—58 (1969).

Cook, M. J.: The anatomy of the laboratory mouse. London and New York: Academic Press 1965.

Corrodi, H., Jonsson, G.: Fluorescence methods for the histochemical demonstration of monoamines. 4. Histochemical differentiation between dopamine and noradrenaline in models. J. Histochem. Cytochem. **13,** 484—487 (1965).

Cotran, R. S., Karnovsky, M. J., Goth, A.: Resistance of Wistar furth rats to the mast cell-damaging effect of horseradish peroxidase. J. Histochem. Cytochem. **16,** 382—383 (1968).

Coupland, R. E.: The natural history of the chromaffin cell. London: Longmans 1965.

Coupland, R. E., Hopwood, D.: The mechanism of the differential staining reaction for adrenaline and noradrenaline storing granules in tissues fixed in glutaraldehyde. J. Anat. (Lond.) **100,** 227—243 (1966).

Coupland, R. E., Pyper, A. S., Hopwood, D.: A method for differentiating between noradrenaline- and adrenaline-storing cells in the light and electron microscope. Nature (Lond.) **201,** 1240—1242 (1964).

Daly, M., de B., Lambertsen, C. J., Schweitzer, A.: Oberservations on the volume of blood flow and oxygen utilisation of the carotid body in the cat. J. Physiol. (Lond.) **125,** 67—89 (1954).

Dearnaley, D. P., Fillenz, M., Woods, R. I.: The identification of dopamine in the rabbit's carotid body. Proc. roy. Soc. B **170,** 195—203 (1968).

Douglas, W. W.: Stimulus-secretion coupling: The concept and clues from chromaffin and other cells. Brit. J. Pharmacol. **34,** 451—474 (1968).

Duke, H. N., Green, J. H., Neil, E.: Carotid chemoreceptor impulse activity during inhalation of carbon monoxide mictures. J. Physiol. (Lond.) **118,** 520—527 (1952).

Eränkö, O.: Persönliche Mitteilung, zit. nach Falck und Torp (1961).

Eränkö, O., Härkönen, M.: Monoamine containing small cells in the superior cervical ganglion of the rat and an organ composed of them. Acta physiol. scand. **63,** 511—512 (1965).

Eyzaguirre, C., Koyano, H.: Effects of hypoxia, hypercapnia, and pH on the chemoreceptor activity of the carotid body in vitro. J. Physiol. (Lond.) **178,** 385—409 (1965a).

Eyzaguirre, C., Koyano, H.: Effects of some pharmacological agents on chemoreceptor discharges. J. Physiol. (Lond.) **178,** 410—437 (1965b).

Eyzaguirre, C., Koyano, H.: Effects of electrical stimulation on the frequency of chemoreceptor discharges. J. Physiol. (Lond.) **178,** 438—462 (1965c).

Eyzaguirre, C., Koyano, H., Taylor, J. R.: Presence of acetylcholine and transmitter release from carotid body chemoreceptors. J. Physiol. (Lond.) **178,** 463—476 (1965).

Eyzaguirre, C., Zapata, P.: The release of acetylcholine from carotid body tissues. Further study of the effects of acetylcholine and cholinergic blocking agents on the chemosensory discharge. J. Physiol. (Lond.) **195,** 589—607 (1968a).

Eyzaguirre, C., Zapata, P.: A discussion of possible transmitter or generator substances in carotid body chemoreceptors. In: Arterial chemoreceptors, ed. by R. W. Torrance, p. 213—251. Oxford: Blackwell 1968b.

Falck, B.: Oberservations on the possibilities of the cellular localization of monoamines by a fluorescence method. Acta pyhsiol. scand. **56,** Suppl. 197, 1—25 (1962).

Falck, B., Owman, Ch.: A detailed methodological description of the fluorescence method for the cellular demonstration of biogenic monoamines. Acta Univ. Lund, Section II, Nr. 7, 1—24 (1965).

Falck, B., Torp, A.: A fluorescence method for the histochemical demonstration of noradrenaline in the adrenal medulla. Med. Exp. (Basel) **5,** 429—432 (1961).

Fine, G., Enriquez, P., Morales, A. R.: Enzyme histochemistry of the human carotid body. Henry Ford Hosp. med. J. **16,** 313—324 (1968).

Graham, R. C., jr., Karnovsky, M. J.: The early stages of absorption of injected horseradish peroxidase in the proximal tubules of the mouse kidney: ultrastructural cytochemistry by a new technique. J. Histochem. Cytochem. **14,** 291—302 (1966).

Hajós, F.: The problem of functional heterogenity of mitochondria as studied by electron microscopic histochemistry. Acta histochem. (Jena), Suppl. **X,** 65—68 (1971).

Hamberger, B., Ritzén, M., Wersäll, J.: Demonstration of catecholamines and 5-hydroxytryptamine in the human carotid body. J. Pharmacol. exp. Ther. **152,** 197—201 (1966).

Hellström, St.: An ultrastructural study on dense-cored vesicles of receptor cells of glomus caroticum from rats pretreated with 3,4,5-trihydroxyphenylalanine (5-OH-DOPA). J. Ultrastruct. Res. **36,** 530—532 (1971).

Helpap, B., Hempel, K.: Über den Katecholamin-Stoffwechsel des Carotiskörperchens der Ratte. Virchows Arch. Abt. B **3,** 270—281 (1969).

Hervonen, A., Kanerva, L.: Catecholamine storing cells in human fetal superior cervical ganglion. Acta physiol. scand. **84**, 538—542 (1972).

Hess, A.: Electron microscopic observations of normal and experimental cat carotid bodies. In: Arterial chemoreceptors, ed. by R. W. Torrance, p. 51—56. Oxford: Blackwell 1968

Heymans, C., Neil, E.: Reflexogenic areas of the cardiovascular system. London: Churchill 1958.

Hökfelt, T.: A modification of the histochemical fluorescence method for the demonstration catecholamines and 5-hydroxy-tryptamine, using araldite as embedding medium. J. Histochem. Cytochem. **13**, 518—520 (1965).

Hoffman, H., Birrel, J. H. W.: The carotid body in normal and anoxic states: An electron microscopic study. Acta anat. (Basel) **32**, 297—311 (1968).

Hollinshead, W. H.: Effects of anoxia upon carotid body morphology. Anat. Rec. **92**, 255—261 (1945).

Hopwood, D.: The histochemistry and electron histochemistry of chromaffin tissue. Progr. Histochem. Cytochem. **3**, 1—66 (1971).

Hummel, K. P., Richardson, F. L., Fekete, E.: Anatomy. In: Biology of the laboratory mouse, ed. by E. L. Green, 2. ed·, p. 247—307. New York-Toronto-Sidney-London: McGraw-Hill Book Company 1966.

Ishii, K., Honda, K., Ishii, K.: The function of the carotid labyrinth in the toad. Tohoku J. exp. Med. **88**, 103—116 (1966).

Ishii, K., Ishii, K.: Adrenergic transmission of the carotid chemoreceptor impulses in the toad. Tohoku J. exp. Med. **91**, 119—128 (1967).

Ishii, K., Ishii, K., Honda, K.: Evidence for adrenergic transmission of the carotid chemoreceptor impulses in the toad. Nature (Lond.) **210**, 1057—1058 (1966).

Ishii, K., Oosaki, T.: Electron microscopy of the chemoreceptor cells of the carotid labyrinth of the toad. Nature (Lond.) **212**, 1499—1500 (1966).

Ishii, K., Oosaki, T.: Fine structure of the chemoreceptor cells in the amphibian carotid labyrinth. J. Anat. (Lond.) **104**, 263—280 (1969).

Keller, H. P., Lübbers, D. W.: Local blood flow measurement in the carotid body of the cat by means of hydrogen clearance. In: Oxygen supply. Theoretical and practical aspects of oxygen supply and microcirculation of tissues, ed. by M. Kessler, D. F. Bruley, L. C. Clark, jr., W. D. Lübbers, I. A. Silver, J. Strauss.' München-Berlin: Urban & Schwarzenberg; Baltimore: University park Press 1972.

Keller, H. P., Schäfer, D., Lübbers, D. W.: The structure of the network of the vessels of the carotid body of the cat and its evaluation by means of the scanning electron microscope. Z. Naturforsch., im Druck.

Klemm, H.: Das Perineurium als Diffusionsbarriere gegenüber Peroxydase bei epi- und endoneuraler Applikation. Z. Zellforsch. **108**, 431—445 (1970).

Kobayashi, S.: Fine structure of the carotid body of the dog. Arch. histol. jap. **30**, 95—120 (1968).

Kobayashi, S.: Comparative cytological studies of the carotid body. 1. Demonstration of monoamine-storing cells by correlated chromaffin reaction and fluorescence histochemistry. Arch. histol. jap. **33**, 319—339 (1971a).

Kobayashi, S.: Comparative cytological studies of the carotid body. 2. Ultrastructure of the synapses on the chief cell. Arch. histol. jap. **33**, 397—420 (1971b).

Kobayashi, S., Uehara, M.: Occurrence of afferent synaptic complexes in the carotid body of the mouse. Arch. histol. jap. **32**, 193—201 (1970).

Kock, L. L. de, Dunn, A. E. G.: An electron microscope study of the carotid body. Acta anat. (Basel) **64**, 163—178 (1966).

Koelle, G. B.: The histochemical differentiation of types of cholinesterase and their localizations in tissues of the cat. J. Pharmacol. exp. Ther. **100**, 158—179 (1950).

Koelle, G. B.: The elimination of enzymatic diffusion artifacts in the histochemical localization of cholinesterase and a survey of their cellular distributions. J. Pharmacol. exp. Ther. **103**, 153—171 (1951).

Kohn, A.: Über den Bau und die Entwicklung der sogenannten Carotisdrüse. Arch. mikr. Anat. **56**, 81—148 (1900).

Kohn, A.: Die Paraganglien. Arch. mikr. Anat. **62**, 263—365 (1903).

Kondo, H.: An electron microscopic study on innervation of the carotid body of guinea pig. J. Ultrastruct. Res. **37**, 544—562 (1971).

Kose, W.: Die Paraganglien bei den Vögeln. Zweiter Teil. Arch. mikr. Anat. **69**, 665—790 (1907).

Lassmann, H., Böck, P.: Die Wirkung von 6-Hydroxydopamin auf den Catecholamingehalt des Glomus caroticum der Ratte. Z. Zellforsch. **127**, 220—229 (1972).

Lassmann, H., Pamperl, H., Stockinger, G.: Intimapolster der Arteria ophthalmica der Ratte in morphologisch-funktioneller Sicht. Z. mikr.-anat. Forsch. **85**, 139—148 (1972).

Lee, K. D., Mayou, R. A., Torrance, R. W.: The effect of blood pressure upon chemoreceptor discharge to hypoxia, and the modification of this effect by the sympathetic adrenal system. Quart. J. exp. Physiol. **49**, 171—183 (1964).

Lever, J. D., Lewis, P. R., Boyd, J. D.: Observations on the fine structure and histochemistry of the carotid body in the cat and rabbit. J. Anat. (Lond.) **93**, 478—490 (1959).

Luft, J. H.: Improvements in epoxy resin embedding methods. J. biophys. biochem. Cytol. **9**, 409—414 (1961).

Luschka, H.: Über die drüsenartige Natur des sogenannten Ganglion intercaroticum. Arch. Anat. Physiol. u. wiss. Med., Leipzig 1862.

Majno, G., Shea, St. M., Leventhal, M.: Endothelial contraction induced by histamine-type mediators. An electron microscopic study. J. Cell Biol. **42**, 647—672 (1969).

Möllmann, H., Knoche, H., Niemeyer, D. H., Alfes, H., Kienecker, E. W., Decker, S.: Experimenteller Beitrag zur Kenntnis der biogenen Amine im Glomus caroticum des Kaninchens. Elektronen- und Fluoreszenzmikroskopische Untersuchungen nach Reserpin- und PCPA-Applikation. Z. Zellforsch. **124**, 238—246 (1972a).

Möllmann, H., Niemeyer, D. H., Alfes, H., Knoche, H.: Mikrospektrofluorometrische Untersuchungen der biogenen Amine im Glomus caroticum des Kaninchens nach Reserpin- und PCPA-Applikation. Z. Zellforsch. **126**, 104—115 (1972b).

Moppert, J.: Der intrazelluläre Bildungsort der phäochromen Granula im Nebennierenmark der Ratte. Eine licht- und elektronenmikroskopisch autoradiographische Untersuchung. Z. Zellforsch. **74**, 45—52 (1966).

Morita, E., Chiocchio, S. R., Tramezzani, J. H.: Four types of main cells in the carotid body of the cat. J. Ultrastruct. Res. **28**, 399—410 (1969).

Muratori, G.: Ricerche anatomiche sulla vascolarizzazione sanguigna del glomo carotico. Arch. Ist. biochem. ital. **15**, 145—169 (1943).

Muratori, G., Chiarini, C., Battaglia, G.: Dimostrazione delle catecholamine nel cromaffine cervico-toracico dei mammiferi mediante la microscopia a fluorescenza. Riv. Istoch. Norm. e Pat. **12**, 383—392 (1966).

Muscholl, E., Rahn, K. H., Watzka, M.: Nachweis von Noradrenalin im Glomus caroticum. Naturwissenschaften **47**, 325 (1960).

Neil, E., Joels, N.: The carotid glomus sensory mechanism. In: The regulation of human respiration, hrsg. von D. J. C. Cunningham and B. B. Lloyd, p. 163—171. Oxford: Blackwell 1963.

Neil, E., O'Regan, R. G.: Effects of sinus and aortic nerve efferents on arterial chemoreceptor function. J. Physiol. (Lond.) **200**, 69P—71P (1969).

Niemi, M., Ojara, K.: Cytochemical demonstration of catecholamines in the human carotid body. Nature (Lond.) **203**, 539—540 (1964).

Pearse, A. G. E.: The cytochemistry and ultrastructure of polypeptide hormone producing cells of the APUD series and the embriologic, physiologic and pathologic implications of the concept. J. Histochem. Cytochem. **17**, 303—313 (1969).

Penitschka, W.: Paraganglion aorticum spuracardiale. Z. mik.-anat. Forsch. **24**, 24—37 (1931).

Purves, M. J.: The effect of hypoxia, hypercapnia and hypotension upon carotid body blood flow and oxygen consumption in the cat. J. Physiol. (Lond.) **209**, 395—416 (1970a).

Purves, M. J.: The role of the cervial sympathetic nerve in the regulation of oxygen consumption of the carotid body of the cat. J. Physiol. (Lond.) **209**, 417—432 (1970b)

Rahn, K. H.: Morphologische Untersuchungen am Paraganglion caroticum mit histochemischem und pharmakologischem Nachweis von Noradrenalin. Anat. Anz. **110**, 140—159 (1961).

Reynolds, E. S.: The use of lead citrate at high pH as an electron-opaque stain in electron microscopy. J. Cell Biol. **17,** 210—213 (1963).

Ross, L.: Electron microscopic observations of the carotid body of the cat. J. biophys. biochem. Cytol. **6,** 253—262 (1959).

Sampson, S. R., Biscoe, T. J.: Efferent control of the carotid body chemoreceptor. Experientia (Basel) **26,** 261—262 (1970).

Schweitzer, A., Wright, S.: Action of prostigmin and acetylcholine on respiration. Quart. J. exp. Physiol. **28,** 33—47 (1938).

Serafini-Fracassini, A., Frasson, P.: Histochemical Observations on the carotid body of the dog. Acta anat. (Basel) **63,** 240—248 (1966).

Siegrist, G., Dolivo, M., Dunant, Y., Foroglou-Kerameus, C., Ribaupierre, Fr. de, Rouillier, Ch.: Ultrastructure and function of the chromaffin cells in the superior cervical ganglion of the rat. J. Ultrastruct. Res. **25,** 381—407 (1968).

Stilling, H.: Du ganglion intercarotidien. Inaug. Diss., Lausanne, Trav. Fac. Univ. Lausanne, p. 321—331 (1892).

Stilling, H.: Die chromophilen Zellen und Körperchen des Sympathicus. Eine Berichtigung. Anat. Anz. **15,** 229—233 (1898).

Torrance, R. W.: Prolegomena. In: Arterial chemoreceptors, ed. by R. W. Torrance, p. 1—40. Oxford: Blackwell 1968.

Tramezzani, J. H., Chiocchio, S., Wasserman, G. F.: A technique for light and electron microscopic identification of adrenaline- and noradrenaline-storing cells. J. Histochem. Cytochem. **12,** 890—899 (1964).

Trump, B. F., Smuckler, E. A., Benditt, E. P.: A method for staining epoxy sections for light microscopy. J. Ultrastruct. Res. **5,** 343—348 (1961).

Verna, A.: Infrastructure des divers types de terminations nerveuses dans le glomus carotidien du lapin. J. Microscopie **10,** 59—66 (1971).

Watzka, M.: Die Paraganglien. In: Handbuch der mikroskopischen Anatomie des Menschen, hrsg. von W. von Möllendorff. p. 262—308, vol. VI/4. Berlin: Springer 1943.

Winckler, J.: Zur Lage und Funktion der extramedullären chromaffinen Zellen. Z. Zellforsch. **96,** 490—494 (1969).

Wood, J. G., Barrnett, R. J.: Histochemical demonstration of norepinephrine at a fine structural level. J. Histochem. Cytochem. **12,** 197—209 (1964).

Yates, R. D., Chen, I-Li, Duncan, D.: Effects of sinus nerve stimulation on carotid body glomus cells. J. Cell Biol. **46,** 544—552 (1970).

Zacks, S. I., Saito, A.: Uptake of exogenous horseradish peroxidase by coated vesicles in mouse neuromuscular junction J. Histochem. Cytochem. **17,** 161—170 (1969).

Zapata, P., Hess, A., Bliss, E. L., Eyzaguirre, C.: Chemical electron microscopic and physiological oberservations on the role of catecholamines in the carotid body. Brain Res. **14,** 473—496 (1969).

Zapata, P., Hess, A., Eyzaguirre, C.: Reinnervation of carotid body and sinus with superior laryngeal nerve fibres. J. Neurophysiol. **32,** 215—228 (1969).

Sachverzeichnis *

* Kursiv gedruckte Ziffern entsprechen Abbildungsnummern.